Zafferano e profitto

AVVERTIMENTO

PUR NON ESSENDO DELL'OPINIONE CHE SI DEBBA COLTIVARE PER FARE SOLDI, ED ESSENDO IO UN FAN DI BILL E DEI SUOI AMICI, QUI VI DO PARECCHI STRUMENTI PER CONOSCERE A FONDO E IN MODO TECNICO, E FORSE ANCHE TROPPO, TUTTO QUELLO CHE DOVETE SAPERE SULLO ZAFFERANO, PRIMA ANCORA DI PENSARE A VENDERLO.

STA A VOI FARNE BUON USO...

L'ORIGINE, LA STORIA E LE LEGGENDE

Lo zafferano è una spezia pregiata e antica, con riferimenti storici che risalgono a tempi molto lontani. Le prime menzioni storiche relative allo zafferano sono rintracciate nelle sacre scritture, dove veniva citato come "Karkum". Successivamente, il nome della pianta, "Crocus", viene attribuito al termine greco "Kroke", che significa "filo di tessuto", in riferimento agli stigmi filamentosi della pianta che vengono utilizzati commercialmente.

Nelle civiltà antiche del Mediterraneo, lo zafferano è ricordato in varie forme, dalle raffigurazioni pittoriche di Knosso alle citazioni nel papiro egizio di Ebers (1500 a.C.) e nel Cantico dei Cantici del Vecchio Testamento (IV, 14).

Come spesso accade nel mondo classico, la mitologia ha costruito storie legate anche alla botanica. Per lo zafferano, noto anche con il nome di "croco", esistono due storie mitologiche: nella prima, il compagno di gare di Mercurio di nome Croco viene ferito mortalmente da un disco scagliato male, e dalla terra bagnata dal suo sangue nasce la pianta gialla e rossa. Nella seconda versione, la ninfa Smila si innamora di Croco e, come punizione, Diana lo trasforma in una pianta di zafferano.

Quanto all'origine geografica dello zafferano, non è del tutto certa, ma molti studiosi la collocano nell'area compresa tra Creta ed il Medio Oriente. Da qui si diffuse rapidamente in India e Cina e successivamente, grazie agli Arabi, nell'area mediterranea. L'origine precisa sembra essere associata alla Grecia, all'Asia Minore e alla Persia. La coltivazione dello zafferano ebbe inizio nella tarda Età del Bronzo e venne coltivato intensamente in Oriente e nel bacino del Mediterraneo.

La coltivazione dello zafferano in India, in particolare nel Kashmir, ha una storia documentata che risale al 550 d.C. Gli esperti ritengono che lo zafferano si sia diffuso inizialmente in India grazie agli sforzi dei dominatori persiani che cercavano di rifornire i loro giardini e parchi di nuove piante, trapiantando cultivar in tutto l'impero Persiano.

Un'ulteriore variante della teoria sull'introduzione dello zafferano in Kashmir sostiene che, dopo che l'antica Persia conquistò il Kashmir, furono piantati bulbi di zafferano persiano nei terreni della regione. Il primo raccolto avvenne intorno al 500 a.C. Lo zafferano che cresceva in Kashmir proveniva quindi dalla Persia. Si narra che lo zafferano sia stato coltivato a Padampore (oggi chiamata Pampore), una località situata a circa 13 km da Srinagar, nel Kashmir, India. La coltivazione si diffuse anche in altre pianure alluvionali come Budgam, Tsrar e la parte meridionale del Kashmir.

In Italia, sembra che l'introduzione dello zafferano debba attribuirsi a un monaco che faceva parte del Tribunale dell'Inquisizione, il quale portò i primi bulbi-tuberi nel proprio paese d'origine, nella provincia de L'Aquila. Tuttavia, scritti attestano la coltivazione dello zafferano in Sicilia già nell'età greco-romana, particolarmente rinomato era quello di Centuripe (Crocus Centuripunus). A Centuripe, la coltivazione dello zafferano venne incentivata e il prodotto di buona qualità era adatto per la preparazione di profumi ed era esportato fino a Pozzuoli. Questa attività richiedeva l'impiego di molti lavoratori per la raccolta degli effimeri stigmi del fiore al mattino o alla sera, che poi venivano essiccati (5 chili di stigmi freschi per ottenere un chilo essiccato).

La parola "saffron" (zafferano) deriva dal francese "safran", che a sua volta ha origine dal latino "safranum". "Safranum" si riferisce anche all'italiano "zafferano" e allo spagnolo "azafran". Questa parola deriva dall'arabo "asfar", che significa "giallo", attraverso l'anonimo "zafran", il nome della spezia in arabo.

Quasi tutte le lingue europee e diverse lingue non europee hanno preso in prestito il nome dello zafferano. "Crocus" deriva dalla parola greca "Corycus", che è il nome di un'area nella regione di Cilicia nel Mediterraneo orientale. Il nome scientifico "Crocus" deriva dal termine greco "Krokòs", a sua volta proveniente dall'ebraico "Karkòm", che deriva dal vocabolo fenicio "Cartamus". Questo termine corrisponde ad una specie vegetale ritenuta capace di impartire una colorazione gialla.

Le virtù dello zafferano sono conosciute fin dall'antichità e non sorprende che sia stato ampiamente utilizzato nella preparazione di rimedi contro la peste. Gli Egiziani conoscevano le sue proprietà terapeutiche, ed è menzionato nel papiro di Ebers. La più antica rappresentazione grafica dello zafferano risale al 1400 a.C. ed è conservata nel museo di Heraklion, sull'isola di Creta. Si tratta di una pittura murale proveniente dall'antica Cnosso.

Ippocrate, noto medico dell'antica Grecia, lo prescrisse in fomenti per lenire il dolore della gotta e dei reumatismi. Queste proprietà terapeutiche hanno trovato conferma anche in tempi più recenti.

Intorno al 1370, Guillaume Tirel, detto Taillevent, primo scudiero di cucina di Carlo VI, re di Francia, incluse lo zafferano fra gli aromi che dovevano essere sempre presenti in cucina, come riportato nel suo libro di cucina chiamato "Viandier". In quel periodo, probabilmente era ancora un prodotto di importazione. Curiosamente, molti secoli prima, nel 882, gli "stupendi Captulari de villis" di Carlo Magno, che regolavano le attività dei poderi, non includono lo zafferano tra le oltre cento piante che il responsabile del feudo doveva far coltivare, affinché il castello e il borgo ne avessero a disposizione.

Ancora nel 1549, Cristoforo da Messisburgo, scalco alla corte del cardinale Ippolito d'Este a Ferrara e autore del fondamentale testo "Banchetti e composizione di vivande", menziona il "croco" (probabilmente intende i pistilli di zafferano) come una delle spezie essiccate, ma non fra i prodotti delle coltivazioni. Questo indica l'importanza dell'aroma insostituibile dello zafferano anche a distanza di un secolo dalle descrizioni di altre fonti. Platine, nel famoso ricettario umanistico "Della onesta voluttà", afferma che lo zafferano migliora le vivande che necessitino di un miglioramento di colore e sapore.

Alla corte estense, a Ferrara, lo zafferano viene esaltato in una delle ricette, come ad esempio il "riso in brodo con rossi d'uovo e zafferano" detto "alla siciliana". Questo suggerisce che lo zafferano fosse ampiamente utilizzato per aggiungere colore e sapore pregiato ai piatti.

Secondo Plinio il Vecchio, lo zafferano aveva una vasta gamma di usi terapeutici, aiutando ad alleviare esulcerazioni dello stomaco, petto, reni, fegato e polmoni. Era ritenuto utile per la tosse e il mal di petto e, interessantemente, veniva considerato un afrodisiaco che poteva stimolare la lussuria. Inoltre, veniva importato soprattutto dalla Cilicia perché utilizzato come pianta saporifica ed afrodisiaca.

Apicio, celebre gastronomo romano, cita lo zafferano come ingrediente nel vino d'assenzio romano, conferendo al vino un tocco digestivo.

Plinio e Auro Celso riportano che lo zafferano era il principale costituente di uno speciale collirio chiamato "diaciocu", che era particolarmente efficace.

Nella scuola salernitana, lo zafferano viene descritto come un agente che conforta, allieta e rafforza le membra e il fegato, avendo proprietà curative.

Durante il Medioevo, lo zafferano veniva considerato un dispensatore di allegria, tanto che si diceva di una persona allegra che "avesse dormito su di un sacco di zafferano". La preziosità di questa spezia determinò fin da quel periodo una disciplina e normativa specifica che regolava il suo commercio, e le Repubbliche marinare fondarono dei "Banchi dello zafferano" per gestire il commercio e l'importazione.

Dioscoride lo considerava un efficace antispasmodico e anticonvulsivo, mentre altri studiosi come Ippocrate, Teofrasto e Galeno attribuivano allo zafferano proprietà medicinali e voluttuarie. Gli arabi lo consideravano utile anche come emmenagogo, ovvero per stimolare il flusso mestruale.

Nella Materia Medica di Pedanio Dioscoride, sono elencati gli effetti terapeutici dello zafferano noti nell'antichità. Nella traduzione di quest'opera, realizzata dal medico botanico senese Matthioli nel suo libro su Discoride, si possono leggere i seguenti passaggi:

"Alcuni dicono che il croco, bevuto con l'acqua in quantità di tre dramme, produce un effetto di grande allegria. Ha la virtù di maturare, ammorbidire e leggermente restringere; stimola la minzione e conferisce un aspetto radioso. Se bevuto con vino passo, aiuta contro l'ubriachezza. Applicato con il latte materno, ferma il flusso degli occhi; aggiunto alle bevande, lenisce i dolori intestinali. Impiegate come impacchi, le fasce di zafferano sono utili per lenire i dolori mestruali o applicate su ferite e infiammazioni. Inoltre, stimola la lussuria. Anche Omero ne parla come profumo e medicamento."

Nell'epoca rinascimentale, lo zafferano veniva considerato un rimedio calmante per la tosse, miglioratore del metabolismo, abortivo per quanto riguarda le proprietà medicamentose, e un aiuto digestivo per le proprietà alimentari.

Lo zafferano è presente in quasi tutte le ricette, tanto da far pensare che ogni medicamento contro la peste fosse di colore giallo, stabilendo un collegamento tra il colore del rimedio e quello del malato nella cura della malattia. Secondo il principio delle "rassomiglianze" caro a

Paracelso e alla sua scuola, questo collegamento potrebbe avere senso, poiché il medico Giovanni De Albertis nel XV secolo aggiunse alle caratteristiche della peste una nota basata sulla sua esperienza personale, osservando che i malati di peste avevano un colorito "quasi itterico".

Plinio ricorda l'uso di un unguento chiamato "crocromagna", che si utilizzava per la cataratta. Questo unguento era tradotto come "feccia di zafferano" ed era impiegato anche in campo medico. Si pensa che la crocomagna fosse il residuo dell'estrazione dell'olio di zafferano.

Lo zafferano era un ingrediente importante in diverse preparazioni medicamentose antipestilenziali, come le pillole di Ruso o di Tribus, considerate "antichissime", nei sacchetti odoriferi preservativi e nei diaforetici che servivano ad eliminare i veleni della peste attraverso il sudore. Lo zafferano era anche utilizzato in ricette come la Teriaca, Mitridate, Hiera di Galeno, Elisir Vitae e Pillole magistrali contro la peste, così come nei vescicatoi e nei linimenti da applicare sul corpo per favorire la maturazione dei bubboni.

Ancora oggi, lo zafferano viene utilizzato come eupeptico o colorante, ma la droga può esercitare anche azioni eccitanti o deprimenti sul sistema nervoso, fino all'ipnosi. Ciò richiama alla mente un antico detto medico: "l'olio di zafferano fiutato con le narici induce al sonno". Il suo impiego nella medicina ha radici antiche, ed è stato considerato un rimedio versatile e prezioso nel corso dei secoli.

Lo zafferano contiene un olio etereo composto principalmente da Aldeide safranale. Un test di riconoscimento comune è quello di aggiungere una goccia di acido solforico sulla polvere di zafferano, il quale cambia colore da blu a viola.

Nel commercio, lo zafferano è distintamente classificato in base alla provenienza: zafferano italiano, con quello dell'Aquila che è il più pregiato; zafferano francese o di Gatinois, anch'esso altamente stimato; zafferano spagnolo, talvolta adulterato per migliorare l'aspetto; e zafferano orientale, considerato di qualità inferiore.

Per sofisticare lo zafferano, alcune specie utilizzate erano il cartamo e la curcuma, che venivano utilizzati anche dai pittori come tinture. Il colchico autunnale, una pianta della famiglia delle Liliaceae, era conosciuto come "zafferano silvestre" e utilizzato per le sue proprietà esterne benefiche contro la gotta.

Alcune sostanze sofisticate del periodo includono il "Croco di marte aperitivo", una preparazione di carbonato ferrico e ossido ferrino idrato, e lo "zafferano di Antimonio", un ossido bruno di antimonio.

Lo zafferano era impiegato sia come droga che come colorante per tingere i tessuti di giallo. Sebbene fosse conosciuto fin dall'antichità e coltivato in Italia, la sua produzione subì una riduzione durante l'età barbarica, limitandosi agli orti dei monasteri. Tuttavia, a partire dall'XI secolo, la coltura dello zafferano ricominciò a crescere, e fu documentata la sua commercializzazione nelle città italiane e nel Mediterraneo.

In Toscana, soprattutto nei dintorni di Siena, San Gimignano e Volterra, lo zafferano veniva coltivato e poi esportato in grandi quantità dai mercati di San Gimignano attraverso la marineria pisana verso i mercati del Levante e dell'Africa settentrionale. I mercanti genovesi commerciavano sia lo zafferano toscano, che quello francese e spagnolo. I Veneziani, invece, erano particolarmente coinvolti nel commercio dello zafferano della Marca e quello abruzzese.

Secondo il Petino, la produzione di zafferano durante il periodo medievale poteva raggiungere le 500 some, corrispondenti a circa 850 quintali. L'Italia, la Spagna e la Francia erano i principali produttori, ciascuno con una produzione di quasi un terzo del totale. Altri produttori minori includevano l'Austria, l'Ungheria e la Moravia, mentre la Turchia produceva zafferano di scarsa qualità ma a basso prezzo, costituendo quindi un concorrente.

Nei decenni intorno al 1400, lo zafferano toscano era considerato il migliore, seguito da quello lombardo, che si avvicinava al primo in termini di prezzo. Lo zafferano dell'Aquila avrebbe eguagliato solo più tardi i primi due, mentre quello marchigiano era di qualità inferiore. Altri centri come Norcia, Spoleto e Foligno offrivano zafferano, ma non raggiungevano il valore di quello toscano.

Un esempio dell'importanza economica dello zafferano è dato dal mercante fiorentino Matteo Tinghi, che nel 1376 acquistava zafferano a Venezia per 1000 fiorini e lo rivendeva a Buda, raddoppiando così il capitale investito.

Venezia era un importante centro di distribuzione per lo zafferano lombardo, toscano, marchigiano ed abruzzese, esportandolo verso il Levante e vendendolo anche ai mercanti tedeschi. Questi mercanti tedeschi erano presenti anche in Catalogna e finirono per frequentare i mercati dell'Italia meridionale. Alla fine del XIV secolo, si insediò una colonia di mercanti tedeschi all'Aquila. Anche i mercanti fiorentini erano attivi nella stessa città e commerciavano lo zafferano, come dimostrato dall'azienda dei Della Casa-Guadagni, che vendeva zafferano a Ginevra inviatole da Santuccio dell'Aquila e Paolo di Sulmona. Nel 1480, un mercante fiorentino, associato agli Strozzi di Napoli, acquistava zafferano a Tagliacozzo, Sulmona, Pettorano, Goriano e Magliano, per poi spedirlo in Lombardia e alle fiere di Lione.

Durante l'età moderna, le esportazioni dello zafferano dell'Aquila furono controllate principalmente dai mercanti tedeschi. Inizialmente, le esportazioni si attestarono su 200 balle l'anno, corrispondenti a circa 180 quintali. Tuttavia, a partire dal 1560, vi fu un notevole aumento che raggiunse i 300 quintali annui, con un valore di 200.000 ducati. I mercanti tedeschi continuarono ad operare all'Aquila, affiancati dai fiorentini, che si allontanarono solo alla fine degli anni '30 del Seicento.

Tuttavia, nel 1596, l'esportazione dello zafferano iniziò a declinare, scendendo a 150 quintali, e negli anni successivi rimase mediamente sui 200 quintali fino al 1630. In seguito, la politica fiscale e la perdita della funzione mercantile che la città aveva avuto in passato portarono al declino della coltura dello zafferano e del suo commercio. L'attività economica legata allo zafferano a quell'epoca iniziò a perdere importanza, segnando la fine di un'era di prosperità per l'Aquila come centro produttivo e commerciale di questa pregiata spezia.

IMPORTANZA ECONOMICA

Le statistiche relative alle superfici coltivate a zafferano possono essere soggette a variazioni a causa delle piccole dimensioni degli appezzamenti, spesso gestiti a livello familiare, che possono sfuggire ai rilevamenti ufficiali dei paesi. Di conseguenza, le superfici ufficialmente censite potrebbero essere inferiori a quelle effettive presenti sul territorio. Inoltre, alcuni paesi produttori considerano lo zafferano come una coltura di importanza secondaria, quindi non sono disponibili dati statistici in alcune regioni, come Austria, Libia e Messico.

Tra i principali paesi produttori di zafferano, l'Iran si distingue come il primo con una vasta estensione di circa 47.000 ettari e una produzione di circa 160 tonnellate. L'India contribuisce alla produzione con circa 2.500 ettari coltivati principalmente negli stati del Kashmir e di Jammu, producendo da 8 a 10 tonnellate di zafferano.

In Europa, le principali province produttrici di zafferano includono la Castilla-La Mancha in Spagna, con circa 200 ettari coltivati e una produzione annua di 300-500 kg di prodotto. La Macedonia occidentale in Grecia è un'altra regione rilevante, con circa 860 ettari coltivati e una produzione di circa 4.000-6.000 kg all'anno, gran parte dei quali esportati in diversi paesi come Germania, Svizzera, Cina, Svezia, Regno Unito e USA, nonché in misura minore in Italia e Spagna.
Altre nazioni, come Turchia, Algeria, Egitto, Francia, Germania, Russia, Svizzera e altre, coltivano zafferano su superfici minori, contribuendo complessivamente alla produzione globale di questa pregiata spezia.

In Italia, la coltivazione di zafferano copre circa 8 ettari in Abruzzo, nella piana di Navelli, e altre piccole superfici coltivate si trovano in Toscana, Calabria e Sicilia, portando il totale a circa 35 ettari in tutto il paese. I principali paesi importatori di zafferano includono la Germania, l'Italia, gli USA, la Svizzera, la Francia e il Regno Unito, mentre i maggiori paesi esportatori sono l'Iran, la Grecia, il Marocco, l'Azerbaijan e la Spagna.

Nel 2004, l'Unione Europea ha prodotto approssimativamente 6.800 kg di zafferano, corrispondenti al 4% della produzione mondiale stimata di 170 tonnellate. Tuttavia, l'estensione coltivata è diminuita nel tempo a causa dell'elevata domanda di manodopera e dell'aumento del livello di vita nei paesi produttori mediterranei.

COMPOSIZIONE CHIMICA

Lo zafferano contiene oltre 150 componenti volatili che conferiscono il suo caratteristico aroma. Tra i suoi costituenti principali si trovano i carotenoidi, tra cui la crocetina e i suoi derivati glicosidici come la crocina. Altri carotenoidi presenti sono α-carotene, β-carotene, licopene e zeaxantina.

Le forme glicosidiche della crocetina includono il digentiobioside (crocina), gentiobioside, glucoside, gentioglucoside e diglucoside. La crocina è il componente più abbondante, noto anche per la sua presenza nel frutto della Gardenia jasminoides. Altri componenti importanti dello zafferano includono la picrocrocina, responsabile del suo sapore amaro, e il relativo safranale, che contribuisce al suo aroma.

L'odore, il gusto e i pigmenti dello zafferano si trovano principalmente nei lobi stigmatici rossi del fiore. Oltre ai carotenoidi, nello zafferano sono stati identificati anche antociani, flavonoidi, vitamine, amminoacidi, proteine, amido, sostanze minerali, gomme ed altri residui chimici.

Gli stimmi secchi dello zafferano contengono circa il 10-12% di acqua, il 5-7% di materia minerale, il 5-8% di grasso, il 12-13% di proteina, il 20% di zuccheri ridotti, il 6-7% di pentosio, il 9-10% di gomme e destrine, e una piccola quantità di zuccheri liberi. L'olio essenziale presente nello zafferano è circa lo 0,3%. La crocina e gli altri componenti conferiscono allo zafferano le sue proprietà aromatiche, di colore e sapore unici, rendendolo una spezia preziosa e versatile in cucina e nella medicina tradizionale.

Sono stati isolati diversi componenti minori appartenenti a diverse classi di sostanze naturali dagli stimmi e da altre parti della pianta di zafferano. I terpenoidi sono i composti più comuni trovati, tra cui i crocusatini presenti negli stimmi e nei petali, noti per la loro significativa attività antitirosina.

Alcuni derivati glicosidici appartenenti alla classe dei terpenoidi sono considerati precursori dei componenti volatili dello zafferano, offrendo alternative alla picrocrocina per quanto riguarda il suo sapore amaro.

Oltre ai terpenoidi, sono stati recentemente evidenziati nei stimmi dello zafferano anche diversi flavonoidi. Questi polifenoli potrebbero contribuire, insieme alle picrocrocine, a creare il caratteristico gusto amaro dello zafferano.

Il piano di azione dei metaboliti secondari del Crocus sativus comprende anche alcuni antrachinoni isolati dai cormi e una antocianina isolata dai petali, aggiungendo ulteriori componenti alla complessità della composizione chimica dello zafferano.

PROPRIETÀ ED IMPIEGHI

Lo zafferano è una preziosa spezia con proprietà terapeutiche, di condimento e di colorazione. Viene ampiamente utilizzato nelle industrie alimentari, lattiero-casearie e dei coloranti, nonché in cucina, medicina, cosmesi, profumeria e nel tabacco aromatizzato. Le cucine di diverse culture, come quelle arabe, asiatiche, europee e indiane, sfruttano il caratteristico aroma del miele e delle note erbose delo zafferano, che aggiunge un sapore unico alle preparazioni culinarie. Contribuisce, inoltre, a conferire una vibrante colorazione giallo-arancione ai piatti con cui viene utilizzato.

Le principali sostanze attive dello zafferano includono la picrocrocina, il safranale e la crocina. La picrocrocina conferisce il suo caratteristico potere amaricante, e durante l'essiccamento e lo stoccaggio si divide in glucosio e safranale, responsabile dell'aroma distintivo. La crocina, derivante dalla crocetina, appartiene alla famiglia dei coloranti naturali chiamati caroteni, e conferisce il bel colore giallo-arancione dello zafferano.

Queste sostanze attive dello zafferano esplicano proprietà specifiche rilevanti, ma a causa delle piccole quantità generalmente utilizzate nella cucina, non sempre è possibile ottenere appieno i loro benefici terapeutici.

Lo zafferano contiene piccole quantità di vitamine, tra cui beta-carotene (provitamina A), tiamina (vitamina B1) e riboflavina (vitamina B2). I principi attivi presenti nello zafferano conferiscono diverse proprietà farmacologiche al prodotto, tra cui effetti sedativi, espettoranti, eupeptici, analgesici gengivali e stimolanti della motilità gastrica. Tuttavia, a dosi elevate, può avere effetti abortivi.

Un caso documentato riguarda una donna che ha ingerito una quantità elevata di zafferano (5 grammi sciolti nel latte), causando gravi problemi di coagulazione del sangue e danni istologici severi.

Alcuni dei principi attivi dello zafferano hanno dimostrato effetti benefici in diverse situazioni: la crocetina, ad esempio, aumenta l'ossigenazione del sangue in vitro e in vivo, e può essere utile nel trattamento di enfisemi e malattie cardiovascolari. La crocina, presente nello zafferano, si è dimostrata efficace nel trattamento della dismenorrea dolorosa e ha dimostrato un'attività antibatterica contro certi microbatteri.

Tuttavia, è importante sottolineare che l'uso di zafferano a scopi terapeutici deve essere fatto con cautela e sotto la supervisione di un professionista medico, poiché dosi elevate possono causare effetti indesiderati e problematici per la salute.

Il safranale, uno dei principi attivi dello zafferano, risulta efficace nel trattamento delle bronchiti croniche poiché, essendo eliminato attraverso i polmoni, ha un effetto anestetico sulle innervazioni degli alveoli bronchiali, contribuendo così ad attenuare la tosse.

Nonostante le proprietà terapeutiche rilevanti dei principi attivi dello zafferano, queste non possono essere facilmente ottenute a causa delle piccole quantità presenti nella droga.

Tuttavia, lo zafferano rimane uno straordinario ed insostituibile additivo alimentare grazie alle sue proprietà aromatiche e coloranti. In passato, nell'industria dolciaria, lo zafferano veniva utilizzato per conferire ai prodotti un colore uniforme, evitando così l'uso eccessivo di uova per ottenere lo stesso risultato. Questo era particolarmente importante per garantire una produzione costante e omogenea di dolci come il panettone, il pan di Spagna e i biscotti.

L'utilizzo di uno colorante naturale non tossico e con un piacevole profumo, come lo zafferano, fu ampiamente accettato e seguito da tutte le industrie dolciarie. Questo contribuì a migliorare la qualità dei prodotti e soddisfare i gusti dei consumatori.

Oggi, considerando la vasta gamma di dolci e bevande disponibili sul mercato, si potrebbe promuovere l'uso dello zafferano come colorante naturale nelle industrie alimentari, dolciarie e liquoristiche, al posto dei coloranti chimici. Questa scelta potrebbe rivitalizzare la coltura dello zafferano, promuovendo la sua crescita e produzione.

Le principali destinazioni dello zafferano sono nell'ordine: l'industria liquoristica, l'industria alimentare per uso domestico e l'industria farmaceutica. Quest'ultima sembra in espansione, con un ritorno all'uso dello zafferano come medicamento, con l'utilizzo di antiche preparazioni galeniche.

INDUSTRIA LIQUORISTICA

Lo zafferano trova la sua principale utilizzazione nell'industria liquoristica, dove viene impiegato per la preparazione di aperitivi alcolici come amari, vermouth e fernet, oltre ad essere usato nei dolciumi. Le sue caratteristiche coloranti e aromatizzanti sono conferite dai principi attivi come crocina, crocetina, picrocrocina, safranale e altri principi volatili responsabili del suo caratteristico "bouquet".

Nelle preparazioni liquoristiche, ogni prodotto può scegliere di privilegiare alcuni di questi componenti, regolando solubilità, temperatura e tempi di contatto. In passato, lo zafferano è stato anche utilizzato in profumeria, ma questa pratica sembra essere ormai in disuso.

Oggi, è comune introdurlo nella preparazione del rhum, apprezzandone la sua forza alcolica e le sue proprietà aromatiche.

INDUSTRIA ALIMENTARE

Lo zafferano è ampiamente utilizzato come condimento nella preparazione di piatti tradizionali in alcune zone del territorio nazionale, come ad esempio gli arancini e il risotto alla milanese. All'estero, molti piatti tradizionali, come la paella valenciana, il couscous di carne e verdura, e la bouillabaisse, prevedono l'uso dello zafferano come ingrediente essenziale, poiché conferisce un forte potere colorante, un aroma distintivo e un gusto unico.

Per garantire caratteristiche organolettiche costanti, l'industria italiana crea miscele di zafferano provenienti da diverse fonti. Ogni tipo di zafferano può presentare potere colorante e aroma diversi a seconda della provenienza, delle modalità di preparazione e del periodo di conservazione.

In passato, lo zafferano veniva utilizzato anche come colorante per paste, burro e formaggi. Questa pratica, sebbene trascurata per un po', potrebbe vivere un ritorno come colorante genuino e naturale, in alternativa ai coloranti "artificiali". Il suo impiego nelle preparazioni alimentari è apprezzato non solo per l'aspetto e l'aroma che conferisce ai piatti, ma anche per il contributo a rendere più digeribili alcuni alimenti.

Un grammo di zafferano secco ha la capacità di colorare circa 500 litri di acqua con un intenso tono giallo. Per aggiungere colore ai formaggi, è sufficiente utilizzare da 0,20 a 0,50 grammi di polvere di zafferano per ogni 100 litri di latte.

La leggenda sull'origine del risotto alla milanese racconta di un pittore che, senza volerlo, rovesciò il contenuto di un contenitore di giallo (ottenuto con lo zafferano) nella pentola mentre stava cucinando il riso. Grazie a queste caratteristiche, lo zafferano è ampiamente utilizzato in vari alimenti cotti al forno, formaggi, prodotti di pasticceria, curry, liquori, piatti di carne e minestre.

In diverse culture culinarie, come in India, Iran, Spagna e altri paesi, lo zafferano è utilizzato come condimento per il riso. È anche un ingrediente chiave in dolci indiani a base di latte come il gulab jamun, il kulfi, il double ka meetha e nel "lassi di zafferano", una bevanda piccante a base di yogurt diffusa a Jodhpur. Lo zafferano conferisce colore e aroma a molti piatti mediterranei ed orientali, specialmente riso, carne, pesce e pane scandinavo e balcanico. Inoltre, lo zafferano è ampiamente utilizzato nell'industria dei profumi e delle tinture.

Lo zafferano ha un'ampia gamma di utilizzi nel mondo culinario e tessile. Viene spesso utilizzato per migliorare il colore, il sapore e l'aroma di vari alimenti, come gelati, salse e condimenti, donando loro una tonalità dorata e un gusto caratteristico.

Nell'industria alimentare, lo zafferano funge da colorante per salsicce, burro, formaggi, pudding, pasticceria, curry di riso, prodotti caseari e bevande alcoliche e non alcoliche.

Un altro uso tradizionale dello zafferano è come colorante per il miele, in cui le piante di zafferano sono posizionate nelle vicinanze degli alveari per conferire al miele un colore e un aroma più intensi, una pratica già adottata dai Romani.

Nell'ambito tessile, lo zafferano è stato utilizzato per tingere una vasta gamma di materiali, tra cui veli, bende, fili da ricamo, vele, cuoio, vetri e ceramiche. Tuttavia, la fissazione del colore nelle stoffe è stata una sfida, e spesso un trattamento con allume era necessario per ottenere risultati duraturi.

Oggi, a causa del suo elevato costo, lo zafferano è principalmente utilizzato come ingrediente nelle preparazioni alimentari per conferire colore e aroma a piatti tipici. Un esempio di ciò è l'utilizzo dello zafferano nella produzione del "Piacentinu Ennese", un formaggio tradizionale con antiche origini prodotto nelle aree interne della Sicilia. Lo zafferano dona al formaggio un aroma e un colore distintivi, contribuendo alla sua qualità e caratteristiche uniche.

La produzione e le caratteristiche del "Piacentinu Ennese" dipendono principalmente dall'ambiente geografico in cui viene prodotto, compreso il tipo di latte utilizzato, il caglio, e le tecniche di produzione. Gli aspetti umani e naturali svolgono un ruolo significativo nell'influenzare le caratteristiche del formaggio.

Quanto al nome "Piacentinu", ci sono diverse ipotesi. Alcuni credono che derivi da un termine idiomatico che fa riferimento al gusto piacevole e leggermente piccante del formaggio, attribuito alla presenza dello zafferano. Altri suggeriscono che il nome possa riferirsi all'umidità che si può formare all'interno del formaggio, dando l'idea della "lacrima" del formaggio. Esiste anche un'ipotesi storica che collega il nome "Piacentinu" alla città di Piacenza, anche se questa teoria è meno popolare tra gli abitanti di Enna.

Secondo una leggenda, intorno al 1090, Ruggero il Normanno, preoccupato per la salute psichica della sua consorte che soffriva di una grave depressione ma amava molto i formaggi, chiese ai casari di creare un formaggio dalle virtù taumaturgiche. Da qui nacque l'idea di aggiungere al caglio d'agnello una manciata di "Crocus sativus", una specie nota nell'antichità per le sue proprietà stimolanti ed energizzanti.

Oltre alla leggenda, il "Piacentinu Ennese" ha una ricca storia documentata che risale al IV secolo d.C. Lo storico Gallo, in una pubblicazione, menziona l'uso dello zafferano nel formaggio, confermando la pratica dell'aggiunta di questa preziosa spezia nella produzione del formaggio.

Tra le fonti inconfutabili riguardanti il "Piacentinu Ennese", vi è un manoscritto scritto da Francesco Maja tra il 1681 e il 1682, intitolato "Sicilia passeggiata", che fornisce dettagli sul prodotto. L'antica origine del formaggio, supportata dai testi citati, conferma l'interpretazione data dai vecchi produttori al termine "piacentinu", che si riferisce semplicemente alla piacevolezza del prodotto.

Il "Piacentinu Ennese" è principalmente ottenuto dal latte di pecora comisana, a cui viene aggiunto lo zafferano e il pepe nero in grani per influenzare il gusto e l'aroma. La produzione del formaggio avviene ancora con tecniche tradizionali utilizzando antichi utensili. Il latte con zafferano si coagula in una tina di legno a una temperatura di 32-35°C, utilizzando caglio in pasta di agnello o capretto per circa 40-60 minuti. Successivamente, la cagliata viene posta in canestri di giunco chiamati "fascedde", che lasciano sulla superficie del formaggio una particolare modellatura. Durante l'incanestratura, si aggiungono pepe nero in grani. Dopo di ciò, il formaggio viene scottato, posto su tavoli di legno per asciugare e quindi salato.

Il giorno successivo alla produzione, la salatura viene effettuata a mano su tutta la superficie della forma. Questa operazione viene ripetuta almeno due volte a intervalli di circa 10 giorni, spalmando poi sulla forma tutti i liquidi espulsi dal formaggio durante il processo.

Il formaggio "Piacentinu Ennese" offre un particolare gusto, dovuto alla presenza dello zafferano, che viene apprezzato al meglio in due differenti stadi di maturazione:

- Nello stadio semistagionato: il formaggio è destinato al consumo da tavola e ha una maturazione media compresa tra 45 e 90 giorni, a seconda della grandezza della forma. In questa fase, il formaggio presenta un gusto lievemente piccante e un aroma distintivo dello zafferano.

- Nello stadio stagionato: il formaggio è adatto sia per essere consumato a tavola che per essere grattugiato. La maturazione in questa fase supera i 90 giorni, conferendo al formaggio una complessità di sapore e una nota intensa dello zafferano.

FARMACOLOGIA

Negli ultimi tempi, c'è un crescente interesse riguardo agli effetti biologici dello zafferano e alle sue potenziali applicazioni mediche.

In campo medico, vengono utilizzati solo gli stigmi del fiore e la parte superiore dello stilo dello zafferano, poiché dosi elevate (oltre i 30 grammi) possono essere tossiche e abortive. Tuttavia, allo zafferano vengono attribuite diverse proprietà medicinali. In piccole dosi, agisce come stimolante delicato, mentre in dosi maggiori può agire come afrodisiaco e narcotico. Da tempi antichi, lo zafferano è stato utilizzato in medicina per trattare vari disturbi umani, tra cui tosse, flatulenza, coliche, insonnia, emorragia uterina cronica, amenorrea, vaiolo, asma e disturbi cardiovascolari.

Le sue proprietà vanno oltre la medicina tradizionale, poiché alcuni dei suoi componenti mostrano potenziali effetti citotossici, anticancerogeni e antitumorali. Lo zafferano è utilizzato per alleviare depressione ed epilessia in modo delicato. È stato anche testato per disturbi gastrici e usato come agente pro-memoria nei ratti. Le proprietà anti-mutagene, immunomodulanti e antiossidanti dello zafferano sono ben conosciute.

Inoltre, lo zafferano è noto per le sue proprietà anticonvulsive, rendendolo un interessante oggetto di studio per possibili applicazioni mediche future.

Nella medicina tradizionale cinese, lo zafferano è stato a lungo utilizzato per le sue proprietà tranquillizzanti ed ematiche. È stato impiegato nel trattamento dei disturbi mestruali e delle malattie correlate alla viscosità elevata del sangue, inclusi problemi di circolazione. Le sue applicazioni si estendono anche ai disturbi nervosi, contribuendo ad alleviare ansie e stati ipnotici, e supportando il trattamento di disturbi del sistema nervoso centrale.

Il valore medico dello zafferano è stato registrato nel libro "YI-LIN-JI-YAO", un testo medico cinese del XVI secolo, dove venivano descritti gli effetti benefici del "favorire la circolazione del sangue per eliminare le impurità". Nell'opera "YINSHANZHENGYAO", dedicata all'importanza della dieta, sono contenute ben 136 ricette che includono lo zafferano per trattare diverse condizioni.

Lo zafferano ha avuto un ruolo significativo anche nella medicina tradizionale dell'Azerbaijan e dell'India, dove è stato impiegato per trattare varie malattie, tra cui cancro, disturbi cardiaci, problemi oculari, malattie del sangue e paralisi muscolare. La lunga storia di utilizzo di questa preziosa spezia in diverse culture testimonia le sue molteplici potenziali proprietà benefiche per la salute umana.

Numerosi studi farmacologici hanno evidenziato l'importanza dello zafferano e dei suoi composti. Miwa (1954) ha riportato un effetto inibitorio sull'aumento di bilirubina nel sangue, mentre Gainer e Joines (1975) hanno documentato una diminuzione dei livelli di colesterolo e trigliceridi nel sangue, grazie alla presenza di crocina e crocetina. Diverse ricerche si sono concentrare sugli effetti dello zafferano e dei suoi componenti sul sistema nervoso centrale, evidenziando un'interessante interazione con l'etanolo.

In uno studio, Zhang (1994) ha esaminato gli effetti dell'estratto di zafferano sui topi, dimostrando che una singola somministrazione orale dell'estratto ha ridotto il danno causato dall'etanolo sulla memoria. L'estratto ha anche ridotto l'attività motoria e prolungato il tempo di sonno indotto dall'hexobarbital. L'autore ha proposto quattro possibili meccanismi di azione:

1) Lo zafferano facilita la disintossicazione dell'alcool, riducendo il suo assorbimento nel tratto gastrointestinale;
2) Lo zafferano accelera l'eliminazione dell'alcool dal cervello, promuovendo il suo metabolismo nel fegato;
3) Lo zafferano favorisce la circolazione del sangue;
4) Lo zafferano contrasta gli effetti farmacologici dell'etanolo sul sistema nervoso centrale.

Questi risultati indicano che lo zafferano e i suoi componenti possono avere un impatto benefico sulla salute, compresa la capacità di proteggere il sistema nervoso e supportare la funzionalità epatica. Queste scoperte offrono nuove prospettive per l'utilizzo potenziale dello zafferano come trattamento o coadiuvante in alcune condizioni mediche.

In un ulteriore studio condotto su topi anestetizzati, è stato osservato che l'effetto a lungo termine dell'estratto di zafferano aumenta lo stimolo in una specifica area del cervello (Sugiura, 1995). Questo suggerisce che lo zafferano agisce come un antagonista a lunga durata nei confronti dell'etanolo, contrastando l'effetto di quest'ultimo a dosi diverse da quelle che influenzano la memoria. Gli autori hanno concluso che i risultati dimostrano in modo diretto l'azione di contrapposizione specifica dell'estratto di zafferano rispetto all'etanolo, anche se il meccanismo sottostante a questo effetto non è stato ancora completamente chiarito.

Sono stati condotti numerosi studi sui componenti dello zafferano, in particolare sulla crocina, che sembra essere un antagonista attivo nei confronti dell'etanolo. Questi risultati suggeriscono che la crocina potrebbe essere responsabile dell'attività di contrasto nei confronti dell'etanolo e potrebbe giocare un ruolo chiave negli effetti benefici dello zafferano sulla salute.

Lo zafferano e i suoi componenti hanno dimostrato capacità di influenzare la tonicità uterina, agendo come regolatori del flusso uterino. Tuttavia, in alte dosi, il zafferano può causare emorragia uterina e quindi portare a un aborto. Al contrario, studi hanno evidenziato proprietà rilassanti per l'utero, il che lo rende utile nel trattamento di condizioni come la dismenorrea e la sindrome premestruale (Leclerc, 1983).

Esperimenti condotti con vari estratti di zafferano hanno mostrato azioni stimolanti sull'utero, sia in stato gravido che non gravido, in maiali di guinea, conigli e cani. Il meccanismo sottostante a questi effetti sembra coinvolgere sia fattori miogenici che neurogenici.

Inoltre, l'estratto di zafferano è stato indicato come possidente attività antitumorale, cioè è in grado di inibire l'insorgenza del cancro indotto dagli agenti cancerogeni. Il primo studio a evidenziare l'effetto antitumorale dell'estratto di zafferano risale al 1991. La somministrazione orale dell'estratto di zafferano nei topi ha dimostrato un'efficace inibizione dello sviluppo intraperitoneale dei tumori di ascite derivati dal sarcoma-180, dal carcinoma di Erlich e dal linfoma di Dalton. Nei topi affetti da tumore trattati con 200 mg di estratto per kg di peso corporeo, è stata osservata una significativa estensione della loro aspettativa di vita, fino a due o tre volte in più rispetto agli animali non trattati.

In uno studio successivo, Nair (1994) ha evidenziato che la somministrazione orale dell'estratto di zafferano nei topi inibisce significativamente lo sviluppo di tumori solidi derivati dalle cellule DLA e s-180, ma non ha alcun effetto sulle cellule del tumore di EAC. Inoltre, ha osservato un aumento dei livelli di β-carotene e vitamina A nel siero degli animali trattati con lo zafferano, suggerendo che questo potrebbe essere un possibile meccanismo antitumorale.

Risultati interessanti sono stati ottenuti anche con l'utilizzo di liposomi contenenti l'estratto di zafferano iniettati nei topi. Si è osservato un aumento dell'effetto antitumorale di questo estratto nei confronti di diverse cellule tumorali solide, comprese le cellule del tumore di EAC, che erano insensibili alla somministrazione orale dell'estratto. Questo aumento dell'attività antitumorale potrebbe essere attribuito alla consegna diretta della sostanza attiva o all'aumento della sua solubilità.

Particolarmente interessanti sono stati anche gli studi condotti sull'utilizzo dell'estratto di zafferano in combinazione con gli agenti chemioterapici standard per ridurne la tossicità. Questo suggerisce un potenziale ruolo sinergico tra lo zafferano e i trattamenti chemioterapici, aprendo nuove possibilità nel campo della terapia antitumorale.

Nair ha dimostrato che il trattamento con l'estratto di zafferano prolunga la vita dei topi rispetto a quelli trattati solo con cisplatino, un noto antitumorale. Inoltre, l'estratto di zafferano ha impedito la diminuzione del peso corporeo, dell'emoglobina e dei leucociti causata dal cisplatino.

Allo stesso modo, Salomi ha segnalato che l'estratto di zafferano aumenta la durata di vita dei topi trattati con la dose letale di ciclofosfamide.

Recentemente, è stato segnalato che la crocina, un componente dello zafferano, aumenta il tempo di sopravvivenza e riduce lo sviluppo del tumore (adenocarcinoma del colon) nei topi femminili, senza alcun effetto significativo negli animali maschili. Gli autori hanno suggerito che l'azione antitumorale selettiva della crocina nei topi femminili è legata a fattori ormonali.

La crocina, essendo un carotenoide altamente glicosilato, è insolita in quanto è solubile in acqua. Un altro carotenoide presente nello zafferano è la crocetina, caratterizzato da una struttura diterpenica simmetrica con sette legami doppi e quattro gruppi metilici.

La crocetina è stata studiata per la sua capacità di aumentare la diffusività dell'ossigeno attraverso i liquidi, come il plasma. Questa proprietà consente alla crocetina di migliorare l'ossigenazione polmonare e il trasporto di ossigeno alveolare. È stata osservata l'efficacia della crocetina nel trattamento di patologie come l'emorragia cerebrale, l'artrite e l'aterosclerosi.

La crocina, presente nello zafferano, mostra una notevole capacità di inibire la comparsa di tumori della pelle nei topi esposti al benzoapirene. Inoltre, ha dimostrato di avere un effetto inibitorio sulle alterazioni dell'acido nucleico intracellulare e sulla sintesi delle proteine nelle cellule tumorali. Si è notato che agisce anche sull'attività della proteina-chinasi-c e del prorooncogene nelle cellule INNIH13T3.

Questi effetti inibitori della crocina sono molto probabilmente legati alla sua potente attività antiossidante, in grado di contrastare i danni causati dai radicali liberi.

Studi a lungo termine su topi hanno dimostrato che il trattamento con la crocina non ha avuto effetti dannosi sulle alterazioni metaboliche degli animali. Tuttavia, è stato riscontrato un leggero calo dei livelli di glucosio nel siero dei topi trattati con crocina, ma il meccanismo sottostante a questa alterazione è ancora sconosciuto.

Alcuni ricercatori suggeriscono che l'aumento dei livelli di insulina potrebbe essere una possibile causa, ma è necessario ulteriore studio per comprendere appieno questa relazione. In ogni caso, i potenziali benefici della crocina nel combattere il cancro e agire come antiossidante sembrano superare eventuali lievi effetti collaterali, e la ricerca continua a esplorare ulteriormente le sue promettenti proprietà terapeutiche.

EFFETTI ANTI TUMORALI

Sono state proposte diverse ipotesi per spiegare gli effetti antitumorali e anticancerogeni dello zafferano e dei suoi costituenti.

Uno dei meccanismi proposti riguarda l'effetto inibitore sulla sintesi di DNA e RNA all'interno delle cellule. È interessante notare che l'estratto di zafferano ha dimostrato di inibire la sintesi di RNA e DNA in cellule umane maligne, indipendentemente dal fatto che si trasformino in cellule tumorali o rimangano normali in vitro, ma non ha avuto effetti inibitori evidenti sulle cellule umane non maligne.

Un secondo meccanismo di azione antitumorale dello zafferano e dei suoi costituenti riguarda l'effetto inibitore sulla reazione a catena dei radicali liberi. Poiché la maggior parte dei carotenoidi è liposolubile, agisce come un antiossidante, proteggendo le cellule dai danni dei radicali liberi.
Un terzo effetto ipotizzato è la conversione naturale dei carotenoidi in retinoidi. Tuttavia, recenti studi hanno indicato che la conversione dei carotenoidi in vitamina A non è un requisito essenziale per l'attività anticancro.

Un quarto meccanismo di azione coinvolge l'effetto citotossico legato all'interazione dei carotenoidi con l'enzima topoisomerasi II, coinvolto nella replicazione del DNA cellulare. Questa teoria è supportata dalla localizzazione nucleare di alcuni carotenoidi e dal loro effetto inibitorio sulla sintesi del DNA cellulare.

È stato ipotizzato che lo zafferano contenga lecitina e che l'attività antitumorale dello zafferano sia mediata da questa sostanza. La letteratura contiene anche rapporti sull'estratto di zafferano e/o dei suoi componenti che inibiscono l'attività di diversi enzimi cellulari, suggerendo che l'effetto antitumorale di questi agenti possa essere associato all'effetto sulle funzioni enzimatiche.

Trattamenti di cellule tumorali con zafferano hanno dimostrato un aumento dei livelli intracellulari dei composti sulfidrinici, il che potrebbe contribuire a spiegare la citotossicità dello zafferano. Un altro meccanismo suggerito è che l'effetto citotossico dei carotenoidi dello zafferano sia mediato dall'apoptosi, un processo di morte cellulare programmata.

Studi interessanti hanno dimostrato che l'incapsulamento dei composti estratti dallo zafferano o dei carotenoidi dello zafferano in matrici amorfe di polimeri migliora la loro stabilità e i loro effetti antitumorali.

Più recentemente, è stato osservato che le radiazioni-γ non hanno prodotto cambiamenti significativi sulla qualità degli oli volatili dello zafferano, ma hanno provocato una riduzione dei glicosidi e un aumento degli agliconi nel carotene dello zafferano. Questa relativa stabilità dello zafferano alle radiazioni dovrebbe essere considerata anche per spiegare il suo potenziale di chemioprevenzione.

In sintesi, la ricerca suggerisce che lo zafferano possa avere diverse proprietà antitumorali e chemiopreventive, tra cui l'inibizione delle funzioni enzimatiche, l'induzione dell'apoptosi e il miglioramento della stabilità mediante l'incapsulamento. Tuttavia, ulteriori studi sono necessari per comprendere appieno i meccanismi sottostanti e per valutare il suo potenziale come agente terapeutico nella prevenzione e nel trattamento dei tumori.

BOTANICA

Lo zafferano è una pianta erbacea appartenente al genere Crocus, specie Crocus sativus L. Essa è caratterizzata da una crescita perenne e raggiunge un'altezza compresa tra 10 e 25 cm. La pianta si sviluppa a partire da cormi, che sono formazioni bulbo-tuberose comunemente chiamate bulbi.

Il bulbo dello zafferano è un gambo sotterraneo schiacciato alla base, simile al bulbo della cipolla. Esso è costituito da una massa compatta di amido, simile a foglie squamose, coperte da una guaina strettamente reticolare chiamata tunica. Da ogni bulbo appena formato, possono svilupparsi 1 o 2 germogli apicali, dai quali si originano foglie e l'asse floreale, e 1 o 2 germogli secondari, disposti in modo irregolare a spirale nella parte più bassa del bulbo. I germogli secondari danno origine a un asse caulinare e a un ciuffo di foglie che utilizzano la fotosintesi per ottenere sostanze nutritive e crescere.

Le piantine di zafferano sviluppano radici avventizie che si originano dalla parte inferiore del bulbo. Esistono tre tipi di radici prodotte dai bulbi di zafferano: radici assorbenti (fibrose), radici contrattili e radici contrattili-assorbenti, ciascuna con caratteristiche strutturali e funzioni specifiche.

Le radici fibrose sono sottili e numerose, provenienti da un singolo anello alla base del bulbo. Queste radici hanno lo scopo di assorbire acqua e sostanze nutritive dal terreno.

Le radici contrattili, dette anche "contagocce" per la loro forma, sono grandi e biancastre. Sono in grado di contrarsi e spingere il bulbo verso il terreno, permettendo alla pianta di posizionarsi nella profondità ottimale per la crescita. Gli elementi fenolici, come l'acido p-cumarico, hanno un ruolo positivo nello sviluppo e nella contrazione di queste radici.

Infine, ci sono le radici assorbenti contrattili, più sottili e lunghe delle radici contrattili, che si sviluppano vicino ai germogli che ospitano le radici contrattili. Queste radici compaiono in un secondo momento rispetto alle radici contrattili.

Le foglie dello zafferano sono di forma radicale, lunghe e sottili, simili a

sottili erbe. Presentano una superficie scanalata e i margini sono curvi e sfrangiati. La colorazione delle foglie è verde grigia con una leggera tonalità bianca sulla superficie inferiore. La foglia inferiore è circondata da guaine di tessuto traslucido e biancastro.
Le foglie di zafferano possono raggiungere una lunghezza di circa 50 cm e sono molto strette, con una larghezza compresa tra 1,5 e 2,5 mm. La comparsa delle foglie coincide o segue immediatamente la fioritura. Ogni bulbo di zafferano produce da 6 a 15 foglie.

I fiori dello zafferano hanno una forma eretta e regolare. Ogni bulbo produce da 1 a 3 fiori, con tre sepali di colore viola e tre petali simili. Il pistillo centrale ha un ovario tubolare con uno stilo sottile. Lo stilo, di colore rosso vivo, si estende dall'apice dell'ovario sotterraneo attraverso il tubo del perigonio e si divide in tre filamenti denominati stigmi.

Solitamente ci sono da uno a tre fiori per gambo e fino a 12 gambi per pianta. La fioritura avviene generalmente in autunno, tra settembre e novembre, contemporaneamente alla comparsa delle foglie. I fiori di zafferano sono caratterizzati da un perianzio formato da un tubo e un piccolo imbuto. I sei segmenti del perianzio sono sotto lobati e divisi in due serie, con quelli interni leggermente più corti di quelli esterni, concavi e stretti. La gola del tubo è barbuta.

Nelle piante con bulbi che hanno formato germogli in fiore, la fioritura può verificarsi in due o tre dei germogli più vicini all'apice del bulbo, mentre nei bulbi che hanno formato germogli non in fiore, la formazione del fiore è solitamente limitata al germoglio apicale e dominante.
L'androceo dello zafferano è composto da tre stami, che sono attaccati alla base dei segmenti esterni, precisamente sulla gola del perianzio. I filamenti degli stami sono corti e liberi, mentre le antere, di colore giallo, sono lunghe e fissate alla base.

Il gineceo, invece, è formato dall'ovario, dallo stilo e dagli stigmi. Lo stilo è simile a un filo e si ramifica in tre rami, noti come stigmi, che sporgono dal perianzio. Gli stigmi sono tubolari, caratterizzati da un colore rossastro o arancio-rosso e sono rigonfi alla base. Gli stigmi costituiscono il prezioso zafferano commerciale, e la loro lunghezza varia da 2,0 a 3,2 cm. Essi formano un tubo più stretto alla base, dove si uniscono allo stilo, ma si estendono verso l'estremità superiore, dove presentano una fessura sul lato interno. Un solo stigma di zafferano pesa circa 2 mg, e ogni fiore possiede tre stigmi. Per produrre 1 kg di stimmi, sono necessari ben 150.000 fiori.

L'ovario è tricarpellare e ha una forma ovale, rimanendo nascosto tra le basi delle foglie. La capsula che contiene i semi è fusiforme, e i semi stessi sono di forma rotonda.
Da notare che lo zafferano è una specie triploide, il che significa che è sterile e si riproduce solo attraverso metodi vegetativi.

La sterilità dello zafferano è dovuta a un processo di meiosi triploide irregolare, caratterizzato da molte anomalie nello sviluppo sporogenico e gametofitico, oltre a una produzione eccessiva di polline. Circa il 70% degli ovuli del Crocus sativus nella maturità contiene una sacca poligonale normale, ma è stata riscontrata un'alta incidenza di bassa vitalità e germinazione del polline a causa di queste anomalie meiotiche. Pertanto, lo zafferano mostra impollinazione autosterile, e l'impollinazione incrociata in vitro con il polline di altre specie di Crocus ha avuto risultati variabili.

Sebbene alcune Angiosperme possano produrre embrioni apodittici, questa situazione non è mai stata osservata nello zafferano. L'origine genetica del Crocus sativus non è ancora del tutto chiara e vi sono diverse ipotesi riguardo ai suoi possibili antenati.

Alcune teorie suggeriscono che lo zafferano potrebbe aver avuto origine da un'autotriploide di un Crocus spontaneo, forse attraverso una fertilizzazione di una cellula uovo diploide che non si è ridotta correttamente, o tramite una cellula uovo aploide con due spermatozoi aploidi. Un'altra possibilità è che lo zafferano sia un allopoliploide formato attraverso l'ibridazione del Crocus cartwrightianus e del Crocus hadriaticus.

Le informazioni sulla genealogia dello zafferano non sono unanimi. Uno studio cariologico suggerisce che i possibili antenati del Crocus sativus siano il Crocus cartwrightianus o il Crocus thomasii. Ulteriori analisi APFLP (Amplifier Fragment Length Polymorphisms) hanno evidenziato che le caratteristiche del DNA di questi antenati sono compatibili con il Crocus sativus, suggerendo il Crocus cartwrightianus come il probabile antenato più vicino. Inoltre, la fioritura del Crocus cartwrightianus presenta somiglianze con quella del Crocus sativus. Tuttavia, le origini esatte dello zafferano richiedono ulteriori ricerche e indagini per essere completamente comprese.

Secondo Bighton, lo zafferano mostra tratti biologici stabili e uniformi in tutto il mondo, differenziandosi solo per caratteristiche morfologiche e biochimiche minori, come alcune caratteristiche morfometriche. Un recente studio del DNA dello zafferano condotto in diverse regioni (Europa e Israele) tramite il metodo RAPD (Random Amplifier Polymorphic DNA) ha confermato questa osservazione, non rilevando differenze genomiche significative tra i campioni. Tuttavia, sono state osservate chiare differenze morfologiche tra le varie regioni.

Lo zafferano appartiene alla famiglia delle Iridaceae ed è il membro più noto del genere Crocus, che conta circa 85 specie diffuse in tutto il mondo. Il Crocus sativus è l'unica specie del genere Crocus ad essere stata oggetto di particolare attenzione e coltivazione in diversi paesi. Si tratta di una pianta di piccole dimensioni con un bulbo globulare sotterraneo. La peculiarità di questa pianta è il suo modo di fiorire direttamente dai bulbi, conferendole il nome di "isterantia".

Il genere Crocus rientra nel phylum delle Angiosperme, nella classe delle Monocotiledoni, nell'ordine delle Asparagales e nella famiglia delle Iridaceae.

La famiglia delle Iridaceae comprende piante erbacee perenni con rizomi, bulbi o bulbo-tuberi. Presentano fusti semplici o ramificati e foglie lineari o appuntite all'estremità, inguainanti, a margine intero e parallelinervie. I fiori sono vistosi e avvolti da giovani in una spata con 2 o più brattee. Il perigonio è formato da 6 tepali saldati nella parte inferiore o formanti un tubo più o meno lungo allargato nella parte terminale. L'ovario è costituito da tre logge contenenti molti ovuli, e i frutti sono capsule contenenti molti semi solitamente di forma allungata.

Il genere Crocus include circa 80 specie, la maggior parte delle quali è diffusa nell'area del Mediterraneo, con alcune specie che si estendono fino all'Europa centrale e all'Asia centrale. Questo genere mostra un'ampia variabilità citologica, con una serie quasi continua di numeri cromosomici. La presenza di cromosomi B, aneuploidia e serie poliploidi è frequente, il che potrebbe spiegare la segregazione di specie locali, alcune delle quali potrebbero non essere ancora completamente analizzate nel territorio italiano.

Nel genere Crocus, molte specie si distinguono dal Crocus sativus per il colore dei fiori o per la lunghezza degli stigmi rispetto agli stami. Queste specie sono spesso piante ornamentali, con un interesse economico limitato, ma talvolta vengono utilizzate per la sofisticazione dello zafferano commerciale.

Le specie primaverili del genere Crocus includono:

- Crocus imperati
- Crocus suaveolens
- Crocus versicolor
- Crocus minimum
- Crocus corsicus
- Crocus albiflorus
- Crocus napolitanus
- Crocus etruscus

Le specie autunnali del genere Crocus includono:

- Crocus thomasii
- Crocus medium
- Crocus longiflorus
- Crocus reticulatus
- Crocus biflorus
- Crocus weldenii

CROCUS IN EUROPA

Di seguito è elencata la varietà di specie di Crocus riportate in Flora Europaea vol. 5 (Tutin et al., 1980) con i paesi in cui è stata accertata la loro presenza:

1. Crocus alatavicus - Turchia, Asia centrale
2. Crocus albiflorus - Italia, Francia
3. Crocus ancyrensis - Turchia
4. Crocus angustifolius - Spagna
5. Crocus antalyensis - Turchia
6. Crocus asumaniae - Turchia
7. Crocus banaticus - Balcani
8. Crocus biflorus - Penisola Balcanica
9. Crocus boryi - Turchia
10. Crocus byzantinus - Turchia, Grecia, Albania
11. Crocus cancellatus - Penisola Iberica
12. Crocus caspius - Caucaso, Iran
13. Crocus chrysanthus - Balcani, Grecia, Turchia
14. Crocus cyprius - Cipro
15. Crocus danfordiae - Turchia, Siria, Libano
16. Crocus danicus - Scandinavia
17. Crocus dispathaceus - Grecia, Turchia
18. Crocus etruscus - Italia
19. Crocus flavus - Balcani, Grecia, Turchia
20. Crocus gargaricus - Turchia
21. Crocus hadriaticus - Italia, Croazia, Albania
22. Crocus heuffelianus - Balcani
23. Crocus imperati - Italia
24. Crocus ibericus - Penisola Iberica, Marocco
25. Crocus ilgazensis - Turchia
26. Crocus inouei - Penisola Balcanica, Grecia, Turchia
27. Crocus istanbulensis - Turchia
28. Crocus karduchorum - Turchia
29. Crocus kotschyanus - Turchia, Iran
30. Crocus laevigatus - Turchia
31. Crocus ligusticus - Italia
32. Crocus longiflorus - Turchia, Siria
33. Crocus malyi - Ucraina
34. Crocus minimus - Penisola Iberica
35. Crocus niveus - Turchia, Siria, Libano

36. Crocus olivieri - Turchia
37. Crocus oreocreticus - Grecia
38. Crocus pallasii - Caucaso
39. Crocus pannonicus - Europa centrale
40. Crocus paschei - Turchia
41. Crocus pelistericus - Penisola Balcanica
42. Crocus pestalozzae - Italia
43. Crocus pusillus - Europa centrale, Balcani
44. Crocus reticulatus - Italia
45. Crocus robertianus - Italia, Croazia, Slovenia
46. Crocus romieuxii - Turchia, Siria, Libano, Palestina
47. Crocus rossicus - Crimea, Ucraina
48. Crocus sativus - Mediterraneo, Balcani, Europa centrale
49. Crocus serotinus - Penisola Iberica
50. Crocus sieberi - Balcani, Grecia, Turchia
51. Crocus sieheanus - Turchia
52. Crocus speciosus - Penisola Iberica, Italia, Grecia, Balcani
53. Crocus tommasinianus - Balcani, Italia, Ungheria
54. Crocus tournefortii - Turchia
55. Crocus vallicola - Turchia
56. Crocus vernus - Europa centrale, Balcani, Italia
57. Crocus vitellinus - Turchia

Si noti che alcuni di questi nomi di specie potrebbero essere stati oggetto di revisioni o aggiornamenti successivi, quindi è sempre bene fare riferimento a fonti botaniche aggiornate per ulteriori informazioni.

CICLO BIOLOGICO

Lo zafferano presenta un ciclo biologico caratterizzato da una lunga pausa estiva seguita da un'attiva ripresa vegetativa autunnale, durante la quale si formano i fiori, e una meno intensa attività invernale. Durante l'estate, la pianta supera l'avversa stagione perdendo le foglie e conservandosi in forma quiescente come bulbo-tubero. Questo bulbo-tubero è compatto, privo di squame e brattee, e ha una forma subovoidale, appiattita, con una leggera concavità alla base e una convessità nella parte distale. Le dimensioni del bulbo-tubero variano da 1 a 5 cm di diametro e si trova ricoperto da residui fibrosi, debolmente reticolati, delle basi delle foglie. Ogni anno, il bulbo-tubero si rinnova per supportare lo sviluppo della parte basale del fusto fiorifero, permettendo così la fioritura autunnale della pianta.

La differenziazione nell'apice del germoglio dei fiori avviene durante il periodo che va dalla fine dell'inverno alla primavera, coincidendo con una progressiva attenuazione delle rigide condizioni invernali. Questo periodo riveste una grande importanza poiché influisce in modo determinante sulla produzione dell'anno successivo.

Una volta completata la fase di sviluppo, la pianta arresta l'attività vegetativa in concomitanza con il disseccamento delle foglie. A questo punto, le gemme, a partire da quella principale e seguendo una sequenza decrescente per le gemme secondarie, hanno ormai formato le bozze dei germogli, che daranno origine ai fiori durante la ripresa vegetativa successiva, nell'autunno.

Il ciclo di vita dello zafferano segue un modello di crescita peculiare e si suddivide in tre fasi: fioritura, fase vegetativa e formazione dei bulbi. In India, la fioritura si verifica durante l'autunno, da ottobre a novembre, seguita dalla fase vegetativa durante l'inverno e dalla formazione dei bulbi, che avviene alla base dei germogli. Quando inizia il periodo di siccità, da aprile a maggio, le foglie invecchiano e appassiscono, e i bulbi entrano in uno stato di dormienza.

La transizione dalla fase vegetativa a quella riproduttiva avviene poco tempo dopo nell'apice dei germogli dei bulbi sotterranei. Tuttavia, la tempistica degli eventi può variare notevolmente in diverse regioni. Ad esempio, in Azerbaijan, la transizione si verifica nel mese di marzo, in Israele da marzo ad aprile, e in Kashmir nel mese di luglio.

Le differenze nelle dimensioni del bulbo e le variazioni stagionali sono considerate le cause delle differenze nelle date di transizione della pianta. Questo può portare a pratiche diverse nella spiantatura dei tuberi, che può avvenire nel mese di maggio (come pratica comune in molte regioni della Sardegna), alle prime piogge di agosto o nel periodo compreso tra i primi giorni di settembre e i primi di ottobre. Durante questo periodo, i bulbo-tuberi possono essere mantenuti fuori dalla terra per un breve periodo, da pochi giorni a un massimo di tre mesi.

Dopo l'estate, la pianta riprende la crescita vegetativa, con l'emissione di un ciuffo di foglie e l'ascesa di un fusto floreale avvolto da guaine biancastre. La fioritura avviene in autunno, tra la fine di ottobre e metà novembre. I fiori sono vistosi, con 6 tepali di colore roseo violaceo, come descritto in precedenza. Attraverso di essi emerge uno stimma di un rosso scarlatto, suddiviso in 3 rami, ognuno dei quali si conclude a trombetta. Questi stimmi sono ancorati all'ovario tramite un lungo stilo.

Le foglie continuano a crescere durante questo stesso periodo autunno-primaverile, raggiungendo una lunghezza fino a 40 cm, e il processo di emissione delle radici, il riassorbimento del bulbo madre e la formazione e crescita dei bulbi figli si verificano contemporaneamente.

Ogni bulbo-tubero appena formato, racchiuso dalle tuniche del bulbo che lo ha prodotto, presenta una o due gemme principali all'apice (da cui origineranno nuove foglie, l'asse fiorale e uno o due bulbo-tuberi figli), e 4-5 gemme secondarie nella parte sottostante, disposte irregolarmente a spirale. Da queste gemme secondarie si sviluppa un germoglio con un asse caulinare e un gruppo di foglie. Alla base del germoglio si trova un bulbo-tubero che, attraverso la fotosintesi delle foglie, trae nutrimento e si accresce. A causa della presenza sia di gemme apicali (proprie dei bulbi) che di gemme secondarie in varie parti del fusto sotterraneo (tipiche dei tuberi), sembra più appropriato, per lo zafferano, utilizzare il termine "bulbo-tubero".

Il bulbo-tubero derivato dalle gemme secondarie risulta notevolmente più piccolo (circa 1/4 - 1/6 delle dimensioni) rispetto a quelli prodotti dalle gemme apicali. In questo modo, da ciascun bulbo "madre" si sviluppano 2-3 bulbi principali a partire dall'attività della gemma apicale e numerosi bulbi secondari dalle gemme laterali. La riproduzione dello zafferano avviene quindi per via vegetativa, ovvero tramite il bulbo madre, per accrescimento e differenziamento delle gemme principali (apicali) e secondarie.

L'andamento del ciclo di accrescimento e sviluppo dello zafferano - che durante l'estate perde completamente la parte sopra il suolo e rimane in una fase di quiescenza geofita - dimostra che la pianta è ecologicamente adattata a territori in cui l'estate presenta una soglia termica non inferiore a 25°C (media stagionale mensile) e precipitazioni estive non superiori a 20-40 mm.

Nelle piante a ciclo poliennale, l'emissione delle foglie inizia già dall'autunno, anticipando di circa due settimane rispetto alle piante a ciclo annuale. Durante i mesi di marzo-aprile, si verifica il maggior sviluppo in lunghezza dell'apparato fogliare, e le foglie possono raggiungere lunghezze fino a 40 cm. Tuttavia, già nel mese di maggio si osserva un progressivo avvizzimento delle foglie. Durante il periodo di marzo-aprile, l'attività vegetativa è particolarmente intensa e consente di accumulare materiali di riserva nei nuovi bulbo-tuberi formatisi dal bulbo-tubero che ha fiorito l'anno precedente. Ciò determina il loro ingrossamento, che si ferma a ridosso dell'estate, quando la pianta entra in uno stato di riposo e perde completamente foglie e radici.

ESIGENZE

Lo zafferano è una pianta poco esigente in termini di clima e può essere coltivato con successo in diverse condizioni ambientali. La sua distribuzione geografica si estende tra i 10° Ovest e gli 80° Est di longitudine, e tra i 30° e i 50° di latitudine nord. Sebbene sia originario dei paesi mediterranei, lo zafferano viene coltivato con successo anche in altre regioni del mondo.

In Italia, la coltivazione di zafferano ha dimostrato di ottenere buoni risultati a un'altitudine compresa tra 650 e 1100 metri sul livello del mare. Tuttavia, la pianta può fiorire anche a quote più elevate, come ad esempio a 2140 metri sul livello del mare in Kashmir, India. È possibile coltivare lo zafferano in zone temperate, semiaride ed aride, a un'altitudine compresa tra 1500 e 2800 metri sul livello del mare.

Diverse fonti indicano altitudini ottimali per la fioritura dello zafferano, come 1500-2000 metri sul livello del mare o 1300-2500 metri sul livello del mare. In ogni caso, la pianta dimostra una notevole adattabilità e capacità di crescita in diverse condizioni climatiche e altitudini.

La pianta di zafferano attecchisce in modo ottimale in climi subtropicali caldi, dove la fioritura avviene senza gelo e piogge eccessive. Tuttavia, dimostra anche una buona resistenza alle basse temperature invernali. D'altra parte, temperature estremamente rigide durante il breve periodo di fioritura possono influenzare negativamente la produzione dei fiori. Se le temperature scendono a -10/-15 °C, i bulbo-tuberi possono subire spaccature, portando alla rapida marcescenza della pianta.

Nonostante queste delicatezze, ci sono riferimenti bibliografici di produzioni di zafferano ottenute in condizioni climatiche estreme, come temperature invernali che raggiungono -18°C e nevicate durante la fioritura. La temperatura svolge un ruolo cruciale nella regolazione dello sviluppo e della fioritura dello zafferano, e la presenza di una temperatura costante è di notevole importanza per la formazione dei suoi fiori.

È interessante notare che la temperatura annuale media nei luoghi di coltivazione dello zafferano varia da 5,9°C a 18,6°C, mentre le precipitazioni possono variare da 420 a 1370 mm in diverse regioni. Queste variazioni climatiche tra le diverse zone di coltivazione possono influenzare significativamente la crescita e la produzione di zafferano.

L'induzione alla fioritura dello zafferano si verifica quando la temperatura raggiunge valori superiori a 20°C durante la tarda primavera. Tuttavia, la comparsa effettiva dei fiori avviene quando la temperatura scende al di sotto dei 16°C. Studi condotti da Plessner hanno dimostrato che è possibile indurre la fioritura anticipata dello zafferano mettendo i bulbi in vermiculite asciutta a 15°C per 35 giorni, seguiti da un trasferimento in condizioni controllate in un fitotrone con mezzo di crescita umido, un fotoperiodo di 16 ore e temperature di 17°C di giorno e 12°C di notte.

La temperatura ottimale per la formazione del fiore è stata individuata tra i 23 e i 27°C, ma una temperatura di 23°C si è dimostrata leggermente più favorevole. Per ottenere il massimo numero di fiori, l'incubazione a queste temperature dovrebbe durare oltre i 50 giorni, anche se incubazioni prolungate oltre i 150 giorni hanno portato alla perdita dei fiori. La comparsa dei fiori avviene successivamente al trasferimento dei bulbi da condizioni di formazione del fiore a una temperatura più bassa, di circa 17°C.

Studi hanno anche rivelato che incubare i bulbi a temperature più alte, come 30°C, riduce la comparsa dei fiori e può causare la perdita di alcuni fiori già spuntati. Al contrario, incubare i bulbi a 9°C non ha portato alla formazione di fiori. È stato osservato che incubare direttamente i bulbi a 17°C, senza una precedente incubazione a 23-27°C, ha portato alla formazione di un singolo fiore in una parte variabile dei bulbi (dal 20% al 100%).

Questi risultati suggeriscono che la temperatura ambientale gioca un ruolo fondamentale nelle diverse fasi fenologiche dello zafferano, influenzando la fioritura, lo sviluppo dei bulbi e la formazione dei fiori. In particolare, temperature comprese tra i 23 e i 27°C sembrano favorire una maggiore produzione di fiori.

Le condizioni atmosferiche, soprattutto nel mese di dicembre, hanno un impatto maggiore sulla produzione di bulbi piuttosto che sulle loro dimensioni.

Nella regione temperata e asciutta di Himachal Pradesh, India, caratterizzata da temperature tra i 12 e i 18°C durante il giorno e tra i 4 e i 5°C di notte nei mesi di settembre e ottobre, si trovano condizioni ideali per la coltivazione dello zafferano. Le notti nuvolose favoriscono una maggiore produzione di fiori al mattino successivo, mentre le piogge tra agosto e settembre stimolano una fioritura precoce, aumentando la produzione complessiva. Condizioni climatiche asciutte e moderatamente umide durante la fioritura sono considerate ideali per il successo della coltivazione. Al contrario, il gelo durante il periodo di fioritura può ostacolare significativamente la produzione e influire negativamente sulla produttività.

A Palampur, la temperatura media nei mesi di settembre e ottobre si aggira tra i 19 e i 23°C, mentre nei mesi di novembre e dicembre scende a 8-13°C (dato relativo a una media di 30 anni), caratteristiche climatiche che risultano essere ideali per la coltura dello zafferano.

Le alte temperature estive non costituiscono un problema per la coltivazione, mentre le brinate autunnali e le nevicate precoci rappresentano una minaccia quando la pianta è in piena fioritura. Se i fiori subiscono gelate, i bulbo-tuberi possono marcire e decomporsi facilmente.

In Spagna, la coltivazione dello zafferano avviene principalmente in zone asciutte, con precipitazioni piovose che raramente superano i 400 mm all'anno. Le temperature invernali oscillano tra i 3-5°C, mentre in estate possono raggiungere i 25°C. Nella regione mediterranea della Sardegna, il clima è più mite, con precipitazioni concentrate soprattutto durante il periodo autunno-inverno. Gli inverni sono poco rigidi, mentre le estati sono secche e calde. Le precipitazioni si aggirano intorno ai 560 mm all'anno, e le temperature medie variano dai 10°C in inverno ai 25°C in estate. A Navelli, località in Italia, le coltivazioni si estendono su altitudini che vanno dai 650 m ai 1100 m s.l.m. con precipitazioni di circa 700 mm e temperature medie che oscillano tra gli 11°C in inverno e i 20-22°C in estate. In Macedonia, il clima è simile a quello della Spagna, ma le precipitazioni sono quasi raddoppiate, raggiungendo i 700 mm.

Per quanto riguarda le precipitazioni piovose, quelle del mese di marzo sono particolarmente favorevoli durante la formazione degli steli all'interno dei bulbo-tuberi. Le piogge settembrine, purché il terreno abbia un buon drenaggio, sono anch'esse benefiche poiché permettono ai fiori di germogliare rapidamente, anticipando la fioritura.

Lo zafferano ha un ciclo di sviluppo di circa 220 giorni. La produzione di zafferano risulta migliore in climi simili a quelli della regione mediterranea, dove brezze estive calde e secche soffiano su terre aride e semiaride. Tuttavia, la pianta è in grado di sopportare anche inverni freddi, sopravvivendo a gelate di -10°C e brevi periodi di neve.

In conclusione, le migliori condizioni climatiche per lo sviluppo e la resa dello zafferano includono un autunno piovoso, un'estate calda e asciutta e un inverno mite. Il fotoperiodo, ovvero la durata del giorno e della notte, influisce notevolmente sulla fioritura dello zafferano, e un periodo ottimale di illuminazione di 10-11 ore risulta auspicabile. Le piante di zafferano si sviluppano meglio sotto luce solare diretta e si sviluppano male in ambienti ombrosi. Pertanto, la coltivazione riesce meglio in campi esposti alla luce solare, preferibilmente rivolti a sud nell'emisfero nord. Bryan ha segnalato che i crocus fioriscono sia in pieno sole che in parziale ombra, ma le zone ombrose devono comunque ricevere almeno 4 ore di sole al giorno.

L'inizio della fioritura dello zafferano sembra essere influenzato dalla combinazione di temperatura ed umidità del terreno, mentre il calendario di fioritura sembra indipendente dalla provenienza del bulbo, dall'ambiente circostante e dalla densità delle piante. Al contrario, i fattori ambientali studiati esercitano un forte effetto sia sulla resa totale degli stigmi che sulle caratteristiche qualitative. Ad esempio, un ambiente più freddo può aumentare la produzione di fiori, ma può influenzare negativamente la qualità degli stigmi.

Sono state studiate le condizioni di conservazione dei bulbi di Crocus sativus, al fine di ritardare la fioritura. È stato osservato che la conservazione dei bulbi a 2°C dopo l'inizio della fioritura ha portato alla perdita dei fiori già emessi. Inoltre, quanto più avanzata è la fase di avvio della fioritura all'inizio della conservazione in celle frigorifere, tanto più velocemente si è verificata la perdita dei fiori. In generale, non è emerso alcun beneficio derivante dalla conservazione dei bulbi dopo l'inizio della fioritura.

Il numero e le dimensioni dei fiori formati per bulbo dipendevano sia dalla durata che dalle condizioni di conservazione. La conservazione a temperature di congelamento (0° o -1°C) ha causato danni ai bulbi, ma la fioritura è stata indotta in bulbi conservati tra 0.5° e 25°C. Tra questi due valori, la temperatura ha avuto un impatto limitato sul comportamento successivo dei bulbi. La quantità e le dimensioni dei fiori diminuivano gradualmente all'aumentare della durata di conservazione. Questa diminuzione è stata più lenta quando la conservazione è stata effettuata in un'atmosfera con ossigeno all'1% rispetto a un'atmosfera normale con ossigeno al 21%.

È stato possibile indurre la fioritura dei bulbi raccolti dopo l'appassimento delle foglie e conservati a 2°C in un'atmosfera con ossigeno all'1% per 70 giorni, con la stessa resa dei bulbi non conservati in celle frigorifere. Questi risultati, insieme ad altre ricerche precedenti, hanno dimostrato che è possibile ottenere una fioritura dello zafferano senza perdita di resa dall'inizio di settembre fino alla fine di gennaio. Tuttavia, la fioritura potrebbe essere ulteriormente ritardata fino a maggio prolungando la durata della conservazione in celle frigorifere, anche se ciò comporterebbe una significativa riduzione nella produzione di stimmi secchi.

Sono state stabilite le condizioni termiche fondamentali per lo sviluppo delle gemme e la formazione del fiore nella specie Crocus sativus, lo zafferano. Durante il tardo inverno o la primavera, a seconda della località, le foglie dell'impianto hanno mostrato un appassimento, concomitante all'aumento della temperatura. Nei primi 30 giorni successivi all'appassimento delle foglie, non si è riscontrato alcuno sviluppo rilevabile nei germogli, né nei bulbi sotterranei né in quelli già raccolti e posti in incubazione in laboratorio in condizioni controllate.

Tuttavia, poco dopo l'appassimento delle foglie, è iniziata la fioritura, che ha avuto luogo durante la tarda primavera o l'inizio dell'estate, quando la temperatura è aumentata fino a raggiungere i 20°C. Se l'estate è stata particolarmente calda e prolungata, la comparsa dei fiori è stata ritardata e si è verificata nel tardo autunno, quando la temperatura è scesa a 15-17°C.

Le proprietà fisiche del suolo svolgono un ruolo essenziale nel supportare la crescita delle piante. Queste proprietà influenzano la relazione tra la pianta e il terreno in termini di assorbimento di acqua e nutrienti, aerazione, penetrazione delle radici e regolano anche la temperatura del terreno, attivando i microrganismi.

Tra le proprietà fisiche del terreno, la sua costituzione è particolarmente rilevante poiché influenza la struttura del suolo, la porosità e la permeabilità, oltre alla capacità di ritenere acqua e drenare. Questi fattori sono di importanza cruciale per la crescita e la produttività delle piante, soprattutto nel caso delle piante bulbose come lo zafferano.

Nello zafferano, i bulbi costituiscono non solo la principale fonte di propagazione, ma anche la loro dimensione influisce significativamente sulla produzione dei fiori per pianta. Pertanto, la scelta di un terreno adatto è fondamentale per ottenere una buona resa nella coltivazione dello zafferano.

Per la coltivazione dello zafferano, è preferibile un terreno sabbioso-limoso, leggero e ben drenato, in quanto terreni freddi e umidi possono impedire la corretta riproduzione dei bulbo-tuberi e favorire la loro decomposizione. Inoltre, terreni esposti al sole, ben aerati e senza alberi sovrastanti sono ideali per la crescita dello zafferano. La presenza di terreni calcarei, sciolti e con un buon contenuto di sostanza organica contribuisce ulteriormente a favorire lo sviluppo della coltura.

Le proprietà fisiche del terreno sono un fattore essenziale per lo sviluppo e la produttività dello zafferano. Un terreno compatto e torboso può favorire lo sviluppo vegetativo a discapito dell'apparato riproduttivo, influenzando negativamente la qualità dei prodotti. Al contrario, un terreno alcalino è considerato ideale per ottenere rese più elevate.

Diverse fonti riportano indicazioni leggermente diverse riguardo al tipo di terreno preferito dallo zafferano. Alcuni autori suggeriscono che la coltura richieda un terreno da sabbioso a sabbioso-argilloso. In Azerbaigian, lo zafferano è coltivato con successo su terreni sabbiosi. Altri esperti consigliano terreni ben drenati e argilloso-calcarei come quelli più adatti per ottenere prestazioni ottimali.

Per quanto riguarda il pH del terreno, un valore compreso tra 6.8 e 7.8 è considerato ottimale, mentre terreni altamente alcalini o silicei sono considerati inadatti. Alcuni suggeriscono che lo zafferano preferisca terreni siliceo-argilloso-ferruginosi-gessosi, mentre altri sostengono che può crescere con successo su diversi tipi di terreni, a patto che sia garantito un buon drenaggio e una lavorazione adeguata.

È importante evitare terreni eccessivamente umidi, in quanto possono causare la decomposizione del bulbo. Tuttavia, un'adeguata presenza di carbonato di calcio nel terreno è considerata favorevole per una buona resa.

In conclusione, la scelta del terreno giusto è cruciale per una coltivazione di successo dello zafferano, e terreni ben drenati, leggeri, argilloso-calcarei e con un pH compreso tra 6.8 e 7.8 sembrano essere le condizioni preferite per ottenere i migliori risultati.

COLTIVAZIONE

La coltivazione dello zafferano può avvenire con un ciclo annuale, come accade in Italia, in particolare a Navelli, o con un ciclo poliennale, come avviene in molti paesi tradizionalmente produttori di zafferano. La durata del ciclo poliennale può variare notevolmente da paese a paese: 3-4 anni in Spagna, 4-5 anni in Sardegna, 6-8 anni in India e Grecia. In Francia, le vecchie piantagioni vengono sostituite dopo 3 anni per via della diminuzione della resa dello zafferano dovuta all'eccesso di bulbi, rendendo la coltivazione poco economica. In Spagna, invece, i bulbi sono espiantati ogni quattro anni. La scelta della durata del ciclo poliennale è influenzata da diversi fattori, tra cui le condizioni climatiche, il terreno, le pratiche agricole e la gestione dell'impianto.

Souret e Weathers hanno condotto un confronto tra tre sistemi di coltura dello zafferano: aeroponica, idroponica e su terreno. Hanno riscontrato che la crescita del bulbo in termini di peso secco era maggiore nelle colture aeroponiche ed idroponiche, ma la produzione di stigmi e la concentrazione dei principali costituenti dello zafferano erano simili in tutti e tre i sistemi di coltura.

Omidbaigi e altri hanno studiato l'effetto dei luoghi di coltivazione sulla qualità dello zafferano in Iran. Hanno osservato che la quantità e la qualità dello zafferano (tranne per l'aroma) nella regione di Neishabor (Khorasan del nord) erano migliori rispetto a quelle prodotte nella regione di Ferdows (Khorasan del sud).

In Iran, Keyhani e altri hanno coltivato lo zafferano in diverse condizioni ambientali: in vaso usando terreno di coltura di campo, in un ambiente semiliquido di agar-agar e in un ambiente liquido. Hanno notato che l'allungamento delle radici era quattro volte maggiore nel terreno rispetto all'ambiente liquido.

Cavusoglu e Erkel hanno studiato la possibilità di coltivare lo zafferano sotto tunnel di plastica e in campo, nelle condizioni della provincia di Kocaeli in Turchia. Hanno ottenuto dimensioni più elevate dei bulbi e un periodo di fioritura più lungo con il tunnel di plastica, ma una resa di stimmi (freschi e secchi) più alta in campo.

Molti hanno confermato l'efficienza dei sistemi fuori suolo per la produzione dello zafferano. Hanno verificato l'effetto di differenti substrati (torba e perlite) e condizioni ambientali (serra fredda e camera climatizzata). La perlite ha mostrato una resa più alta dello zafferano rispetto alla miscela di torba/perlite. Le produzioni ottenute in serra fredda e camera climatizzata sono state raddoppiate rispetto alla coltura tradizionale in campo.

AVVICENDAMENTO E CONSOCIAZIONE

La coltivazione dello zafferano richiede un'attenzione particolare riguardo alla scelta del terreno e alla pratica della rotazione delle colture. In diversi paesi di produzione come Spagna, India, Grecia e Italia, è consuetudine evitare di coltivare lo zafferano sullo stesso terreno in tempi ravvicinati. Nell'Altopiano di Navelli (L'Aquila), dove la coltura ha una tradizione ultrasecolare, si aspetta almeno un decennio prima di reimpiantare lo zafferano nello stesso appezzamento, poiché si è osservata una diminuzione della produzione. Questo fenomeno potrebbe essere causato dalla presenza di tossine nel terreno, dando origine al concetto di "stanchezza del terreno". Inoltre, la monocoltura ripetuta potrebbe favorire l'insorgenza di infezioni dovute ad agenti patogeni diversi, come il fusarium o le virosi.

Per migliorare la rotazione delle colture, si possono utilizzare piante di copertura, come sarchiate o grano, prima di reimpiantare lo zafferano. In India, alcune colture consociate, come il mandorlo, possono essere utilizzate per sfruttare la defogliazione precoce di quest'ultimo, che favorisce l'esposizione delle piante di zafferano alla luce solare.

Diversi studi hanno indagato sulla consociazione dello zafferano con altre colture. In Kashmir (India), si è dimostrato che la consociazione tra zafferano e rosa di Damasco ha avuto successo rispetto ad altri sistemi di consociazione o alla coltivazione in purezza della rosa. Nelle condizioni temperate e asciutte di Sangla (Himachal Pradesh, India), la consociazione tra zafferano e kalazira (Bunium persicum), una spezia, ha superato le altre consociazioni con il fagiolino, il fagiolo e la senape, poiché non si è verificata concorrenza tra zafferano e kalazira.

Inoltre, si è osservato che lo zafferano può essere coltivato con successo in prossimità di albicocco o mandorlo. Le piante del mandorlo perdono le foglie prima del periodo di sviluppo attivo dello zafferano, contribuendo a una migliore penetrazione della luce sulle piante coltivate. Tuttavia, la coltivazione dello zafferano nel meleto è possibile solo durante le fasi iniziali di crescita dell'albero.

In Kashmir, India, i coltivatori praticano la rotazione dello zafferano con cereali come frumento e senape. Di solito, lo zafferano viene coltivato in maniera continuativa per 8-10 anni nello stesso campo e poi viene seguito da una successione di colture di frumento, orzo e oleaginose prima di essere reimpiantato (cioè, viene posto a dimora dopo un intervallo di 4 anni).

SEMINA

Il periodo di impianto dello zafferano varia da regione a regione a seconda delle caratteristiche climatiche e pedologiche dell'ambiente in cui viene coltivato e della durata del ciclo produttivo. Le ricerche hanno evidenziato che le migliori tempistiche per il piantare dei bulbi variano a seconda delle località.

Ad esempio, in alcune regioni dell'India, come Almora (Uttar Pradesh), metà luglio è risultato essere il periodo migliore per piantare i bulbi, mentre in Crimea, URSS, per le piante con fioritura autunnale, da fine agosto a metà settembre è stato identificato come il momento ottimale. In Pakistan, nella regione del Baluchistan, le rese sono state migliori piantando a partire da metà luglio, ma risultavano più basse piantando in agosto o giugno.

In Iran, è stato stabilito che il momento migliore per piantare e spostare i bulbi dello zafferano in nuove aziende agricole è a partire dalla metà di maggio e all'inizio di giugno. In Italia, lo zafferano si pianta nella seconda quindicina di agosto, mentre in Spagna si preferisce piantare tra il 15 e il 30 giugno, e in Grecia prima della metà di settembre. Le tempistiche di piantagione influenzano la produzione di bulbilli per bulbo madre: in India, piantare il 15 novembre e il 1° dicembre produce molti più bulbilli rispetto al 16 dicembre.

Va notato che, nelle colture poliennali, si tende a anticipare l'epoca di impianto rispetto al periodo adottato nella coltura annuale. Questa variazione temporale mira a ottimizzare il ciclo produttivo e le condizioni ambientali per ottenere una migliore resa dello zafferano.

PREPARAZIONE DEL TERRENO

La preparazione del terreno è un aspetto fondamentale per garantire la buona crescita dello zafferano. A seconda delle condizioni pedoclimatiche, il terreno viene lavorato più volte nei mesi estivo-autunnali dell'anno precedente l'impianto, a una profondità di circa 30-35 cm. In Spagna, come ad esempio nella regione di Castilla La Mancha, è consigliabile effettuare le lavorazioni principali a marzo-aprile per sfruttare le piogge primaverili. Tuttavia, è possibile eseguire queste operazioni anche a maggio-giugno, poco prima della messa a dimora dei bulbi.

Dopo la lavorazione del terreno, segue l'ammendamento e l'eliminazione delle malerbe. In alcune zone, è consuetudine creare dei dossi larghi 1,2-1,5 metri e alti 15-20 centimetri. Tra i dossi si possono realizzare vialetti larghi 30 centimetri, che servono anche da canali di drenaggio per evitare il ristagno idrico nei primi 15-20 centimetri del terreno. Tuttavia, in terreni sabbiosi o sabbioso-argillosi e nelle regioni temperate secche, dove le piogge sono di bassa intensità, la sistemazione a dossi potrebbe non essere necessaria.

A fine inverno, è consigliabile effettuare una concimazione organica interrando il materiale a media profondità (circa 150-200 quintali per ettaro), preferibilmente con fertilizzanti di origine ovina. Questa operazione può essere eseguita tramite erpicatura o con una seconda aratura più superficiale, che permette anche il controllo delle eventuali malerbe presenti. Nella primavera avanzata, nel caso si riscontrino nuove infestanti, è opportuno effettuare una o più erpicature per mantenerle sotto controllo.

CICLO POLIENNALE (SPAGNA-GRECIA-INDIA)

In Spagna, l'impianto dello zafferano avviene seguendo un procedimento specifico. Nell'appezzamento di terreno, si creano solchi profondi di circa 20 cm e larghi 10-15 cm, in modo tale che i bulbi non emergano in superficie durante i successivi anni di coltivazione. I risultati ottenuti mostrano che piantando i bulbi a una profondità di 20 cm, si raggiunge una resa di circa 3 kg/ha/anno, una cifra significativamente superiore rispetto alla coltivazione a 10 cm di profondità.

Nei primi due anni di coltivazione (anno zero e anno 1), la resa a 10 cm di profondità è maggiore rispetto a quella ottenuta a 20 cm di profondità. Tuttavia, dalla terza fioritura in avanti (anno 2), si inverte la tendenza e la resa diventa maggiore con l'impianto a 20 cm di profondità. Da questo momento in poi, i risultati continuano a favoreggiare l'impianto a maggiore profondità.

La distanza tra i solchi varia generalmente da 30 a 40 cm, garantendo uno spazio sufficiente per l'impianto successivo e agevolando la raccolta del prodotto. Lo scavo dei solchi può essere eseguito a mano o con l'ausilio di un piccolo vomere, modellando il solco per ottenere una sezione rettangolare.

In Grecia, le operazioni colturali sono simili, ma i solchi sono più ravvicinati tra loro, con una distanza di circa 20-25 cm, mantenendo comunque la stessa profondità del terreno come in Spagna. In entrambi i paesi, non si usano i dossi, poiché la piovosità ridotta non richiede particolari attenzioni per il drenaggio delle acque.

In India, dove la coltura dello zafferano è poliennale e le precipitazioni possono essere abbondanti, vengono invece usati i dossi. Questa tecnica prevede la creazione di fossetti di scolo intorno a dossi di piccole dimensioni (circa 2,5 metri quadrati). All'interno di queste aree, vengono aperti solchi paralleli larghi 12-14 cm e profondi 10 cm, con un diverso rapporto tra la superficie produttiva e la superficie coltivata.

Quando i solchi vengono aperti utilizzando l'aratro, la terra di un solco viene utilizzata per ricoprire quello precedentemente aperto, e alla fine dell'impianto, il terreno viene livellato operando in senso trasversale rispetto alla direzione dei solchi.

Recentemente, sono state sperimentate delle macchine agricole appositamente modificate, simili a piantapatate, con risultati soddisfacenti. Queste macchine sono dotate di due organi rincalzatori posteriori che provvedono alla copertura dei solchi.

MICROPROPAGAZIONE

La micropropagazione o propagazione in vitro è una tecnica di propagazione vegetativa utilizzata per la crescita e la moltiplicazione di piante in un ambiente controllato, con condizioni di luce, temperatura e nutrienti ottimali. Le micropiante vengono coltivate in un gel appositamente formulato che contiene tutti i nutrienti essenziali, come sali minerali, vitamine e saccarosio, insieme a sostanze ormonali necessarie per la crescita.

Mantenere la sterilità è un requisito fondamentale in questo processo, poiché i mezzi di coltura utilizzati potrebbero favorire la crescita di batteri e funghi indesiderati.

La micropropagazione offre numerosi vantaggi, tra cui la possibilità di produrre in tempi rapidi, in spazi limitati e controllati, grandi quantità di materiale omogeneo (cloni) che conserva le caratteristiche genetiche delle piante madri. Inoltre, le piantine possono essere propagate in modo continuo durante tutto l'anno, eliminando la dipendenza dalla propagazione tradizionale tramite talee o innesti stagionali. La tecnica in vitro permette anche di eliminare eventuali patologie presenti nel materiale di partenza e di conservare le caratteristiche sanitarie durante i cicli di moltiplicazione successivi. Questa tecnica è particolarmente utile per moltiplicare piante che sono difficili da propagare con i metodi tradizionali. Pertanto, la coltura in vitro rappresenta un potente strumento per il vivaismo e la certificazione genetico-sanitaria delle piante.

La micropropagazione, oltre a essere un metodo altamente efficiente per la moltiplicazione delle piante, rappresenta un importante strumento per la conservazione della biodiversità, la valorizzazione delle produzioni e la protezione del territorio.

Una delle applicazioni significative della micropropagazione è l'utilizzo di micro-gemme per la crioconservazione, una tecnica innovativa che consente di preservare le risorse genetiche. Mediante il congelamento delle gemme, dei meristemi, dei semi interi o degli embrioni a temperature estremamente basse, come l'azoto liquido (-196°C), è possibile mantenere il materiale vegetale in un ambiente sicuro da contaminazioni e inalterato geneticamente per un periodo virtualmente illimitato.

La micropropagazione trova anche impiego nella riproduzione di piante medicinali, nella produzione di biomasse e nella coltivazione di piante micorrizate. Queste applicazioni hanno il duplice obiettivo di proteggere l'ambiente e di integrare il reddito degli agricoltori.

Il processo di micropropagazione si sviluppa attraverso diverse fasi:

1. Induzione e stabilizzazione delle colture in un ambiente asettico, al fine di garantire la purezza del materiale di partenza.

2. Promozione dell'attività rigenerativa e moltiplicazione dei nuovi germogli, attraverso l'utilizzo di opportune sostanze ormonali e condizioni di coltura.

3. Induzione e sviluppo di nuove radici alla base dei germogli, per favorire la loro crescita e il loro radicamento.

4. Trapianto ed acclimatazione delle piante micropropagate in ambienti esterni, al fine di permettere loro di adattarsi progressivamente alle condizioni naturali.

La micropropagazione inizia con la selezione accurata del materiale vegetale destinato alla propagazione. La scelta e la pulizia di questo materiale sono cruciali per ottenere piante sane e prive di contaminazioni. Di solito, le piante vengono sottoposte a test per garantirne la "pulizia", ovvero l'assenza di virus, funghi e batteri contaminanti.

La totipotenza cellulare è un concetto fondamentale per il successo di questa tecnica. Gli espianti (porzioni di pianta prelevate per la coltura in vitro) utilizzati per la micropropagazione possono essere suddivisi in due categorie:

1. Nella prima categoria sono inclusi gli espianti che contengono strutture meristematiche preformate, come apici, germogli e nodi. Queste regioni della pianta hanno un'elevata capacità di moltiplicazione cellulare e di rigenerazione.

2. Nella seconda categoria sono inclusi gli espianti costituiti da tessuti

differenziati, come porzioni di foglie, steli, radici o fiori. In questo caso, la capacità rigenerativa è inferiore rispetto agli espianti contenenti meristemi.

Nella prima categoria di espianti, è raro che le piante ottenute non siano geneticamente identiche all'originale, mentre nella seconda categoria, soprattutto quando le piante provengono da callo (aggregati di cellule indifferenziate), possono verificarsi più frequentemente mutazioni, dando origine a una variabilità somaclonale. Questa variabilità viene utilizzata nel miglioramento genetico delle piante poiché rappresenta uno strumento per aumentare la diversità genetica.

Una volta selezionato il materiale di base, la raccolta degli espianti dalla pianta madre può iniziare a seconda della tecnica di micropropagazione scelta. Prima dell'inizio della coltura in vitro, è fondamentale effettuare un'accurata pulizia esterna del materiale vegetale per rimuovere eventuali parassiti macroscopici, seguita dalla sterilizzazione con agenti come alcool, candeggina, ecc., per eliminare parassiti microscopici, come funghi e batteri, che potrebbero essere presenti sull'epidermide vegetale.

La piccola porzione di tessuto vegetale utilizzata, talvolta solo una singola cellula, viene trasferita in condizioni sterili su un terreno di coltura. I mezzi di coltura costituiscono la fonte principale di nutrimento per gli espianti, essi sono soluzioni acquose o solidificate con agenti gelificanti come l'agar o altri composti. Questi mezzi di coltura contengono saccarosio come fonte di energia, macroelementi (N, P, K, Ca, Mg, S) e microelementi minerali essenziali per la crescita (Fe, Cu, Zn, Mn, Co, Ni, Al, Na, Mo, I, Cl), uno o più regolatori di crescita (ormoni vegetali), e talvolta vitamine, amminoacidi e altre sostanze come antiossidanti (ad esempio acido citrico, acido ascorbico) e composti adsorbenti (come il carbone attivo, il PVP polimero che assorbe i fenoli). L'agar è il gelificante più comunemente utilizzato e costoso, seguito da altre sostanze gelificanti più economiche come le pectine e la gelrite (che richiede dosi minori rispetto all'agar). I terreni di coltura possono anche essere liquidi o mantenuti in apparecchiature a semi-immersione.

Per prevenire le contaminazioni di funghi e batteri, i terreni di coltura vengono sterilizzati durante la preparazione. Questo processo elimina i contaminanti potenziali e contribuisce a garantire un ambiente asettico per la crescita degli espianti. Gli strumenti comunemente utilizzati per la sterilizzazione sono gli autoclavi e la sterilizzazione per filtrazione.

Il tessuto vegetale cresce e si differenzia in nuovi tessuti a seconda delle variazioni, principalmente nei fitoregolatori, presenti nel terreno di coltura utilizzato. Le principali categorie di fitoregolatori utilizzati nella coltura in vitro sono:

1. AUXINE (come IAA, IBA, NAA, 2,4D): Questi fitoregolatori sono in grado di indurre la differenziazione di radici avventizie, stimolare la callogenesi (formazione di callo) e l'embriogenesi somatica.

2. CITOCHININE (come K, 2iP, Zeatina, BAP, Thidiazuron): Le citochinine promuovono la divisione cellulare, inducono la formazione di nuovi germogli e favoriscono la crescita degli apici gemmari.

3. GIBBERELLINE: Le gibberelline stimolano l'allungamento delle cellule, favoriscono l'allungamento internodale e la crescita degli apici.

È importante notare che l'acido gibberellico è sensibile alle alte temperature.

I germogli coltivati in vitro sono eterotrofi, il che significa che ottengono zuccheri direttamente dal substrato di coltura e fissano solo una piccola quantità di CO2. Questo è diverso rispetto alle piante in condizioni normali, che sfruttano la fotosintesi per produrre la loro energia. Nella coltura in vitro, le sostanze nutritive fornite nel terreno di coltura supportano la crescita e lo sviluppo delle piante, poiché esse non possono produrre autonomamente i loro nutrienti.

PREPARAZIONE E MESSA A DIMORA DEI BULBI

I bulbo-tuberi che verranno utilizzati per la coltura vengono prelevati da terreni diversi, i quali non potranno essere riutilizzati prima di 8-10 anni, come già specificato in precedenza. Per estrarli dal terreno, si pratica una solcatura laterale al vecchio impianto, ad una profondità adeguata (circa 15-20 cm) per evitare di danneggiarli con il vomere.

I bulbo-tuberi emergono avvolti in guaine fibrose di colore fulvo brunastro, luminose per i residui basali dei fasci vascolari delle foglie. Sono presenti in gruppi compatti, costituiti da tre o più bulbo-tuberi di diverse dimensioni, strettamente connessi con il bulbo madre, che ne indicano l'origine. La coltura, nel corso del suo ciclo vegetativo, produrrà un grande numero di bulbo-tuberi a seconda della sua durata nel terreno.

Dopo il prelievo, i bulbo-tuberi vengono grossolanamente liberati dalla terra e preparati per la fase di monda. La monda dei bulbo-tuberi consiste nell'accurata eliminazione dei residui dei vecchi tuberi, della terra e di eventuali parti deformate o affette da parassiti, sia di natura animale che vegetale. Inoltre, si separano i bulbo-tuberi in base alle loro dimensioni, dando particolare attenzione a quelli con un diametro inferiore ai 3 cm, che verranno piantati separatamente.

I bulbo-tuberi mondati vengono conservati in un ambiente asciutto, ben ventilato e al buio, disposti in strati sottili, fino al momento del reimpianto o dell'utilizzo successivo. La corretta conservazione è fondamentale per mantenere la loro qualità e vitalità.

Prima di procedere al reimpianto, i bulbo-tuberi possono essere sottoposti a una pulizia delle tuniche esterne, anche se spesso questa operazione viene omessa per risparmiare tempo e manodopera. È essenziale assicurarsi che i bulbo-tuberi siano sani, privi di macchie, ferite o segni di marcescenza.

Per evitare la diffusione di malattie fungine, i bulbo-tuberi possono essere trattati con un fungicida a base di benomyl, immergendoli in una soluzione al 5-10‰ per 15-20 minuti. In alternativa, in Spagna e in India, è possibile utilizzare una soluzione al 5% di solfato di rame per la disinfestazione. La necessità di tale trattamento può variare a seconda delle pratiche locali e delle condizioni del terreno.

Una volta completato l'impianto dei bulbo-tuberi, è importante livellare la superficie del terreno con uno spianatoio, una pesante tavola o un rullo leggero. In alternativa, per le superfici più piccole, si può usare un semplice rastrello. Questa operazione è consigliata per garantire una migliore adesione del terreno ai bulbo-tuberi e per eliminare i solchi che potrebbero causare accumuli anomali di acqua durante piogge intense. La coltura dello zafferano è particolarmente sensibile all'umidità prolungata.

In Spagna, alcuni studi indicano che la dimensione del bulbo ha un ruolo determinante sulla produzione nell'anno di impianto, poiché influenza la quantità di germogli floral. Tuttavia, negli anni successivi, questo fattore perde gradualmente importanza con l'apparizione dei bulbilli. A partire dal tredicesimo anno di fioritura, non si osservano più differenze significative in termini di resa tra i bulbi di dimensioni diverse.

In Italia, durante la selezione dei bulbo-tuberi, si separano quelli con un diametro di circa 2,5 cm o superiore dagli altri. I bulbi più piccoli vengono comunque utilizzati, ma vengono collocati in un vivaio per permetterne l'accrescimento nei successivi due o tre anni, poiché al primo anno non saranno in grado di fiorire, ma produrranno solo foglie. La dimensione dei bulbi utilizzati in Sardegna è generalmente superiore a 2,5-3 cm. I bulbi più piccoli vengono piantati a spaglio in un solco scavato al confine del campo.

DENSITÀ D'IMPIANTO

La densità di impianto ha un notevole impatto sulla resa della coltura nel primo anno, ma tale influenza diminuisce negli anni successivi. Nel primo anno, la resa degli stimmi è strettamente correlata alla quantità di germogli fiorali, che a sua volta dipende sia dalla densità dei bulbi piantati che dal numero di germogli per bulbo, il quale è influenzato anche dal calibro dei bulbi.

La distanza tra i bulbi è un parametro importante e deve essere scelta in base all'estensione dell'area di produzione, in modo da non interferire con lo sviluppo dei bulbi contigui. Le tecniche di impianto variano sia in Italia che all'estero. Ad esempio, uno studio ha riportato che la distanza di 15 × 5 cm e 20 × 15 cm ha fornito rispettivamente il numero massimo e minimo di fiori per metro quadro. In condizioni temperate e asciutte di Sangla, Himachal Pradesh (India), una distanza di 20 × 20 cm è considerata ideale per una produzione continuativa per 10 anni. Tuttavia, un altro studio ha rilevato che una distanza di 10 × 7,5 cm tra le file produce di più nei primi anni rispetto a 15 × 10 e 20 × 15 cm a Sangla, India. In Marocco, sono stati utilizzati appezzamenti di 2 × 2 m con file distanti 20 cm l'una dall'altra e con 2-3 bulbi piantati a 10-15 cm di distanza all'interno delle file. Nel contesto greco, i bulbi sono piantati in solchi creati con l'aratro a una distanza di 25 × 12 cm.

In definitiva, la scelta della densità e della distanza di impianto può variare a seconda delle condizioni pedoclimatiche locali, delle pratiche colturali e degli obiettivi di produzione. È importante considerare attentamente questi fattori per ottenere una resa ottimale nel corso degli anni di coltivazione.

La dimensione del bulbo è un fattore cruciale che influenza la capacità delle piante bulbose di fiorire e la produzione di zafferano. Studi precedenti hanno dimostrato che bulbi di dimensioni maggiori hanno effetti positivi sulla produzione complessiva.

Infatti, bulbi più grandi, con diametro compreso tra 4-5 cm, permettono una maggiore produzione di fiori e bulbi figli nel ciclo annuale. Più numerosi sono i bulbi figli prodotti, maggiore sarà la quantità complessiva di germogli presenti nei bulbi più grandi, favorendo una maggiore fioritura.

Bulbi con dimensioni al di sotto di un certo limite, come 10 g di peso, non sono in grado di produrre fiori nel corso dell'anno né negli anni successivi. Pertanto, la piantatura di bulbi di grandi dimensioni, con diametro di circa 4-5 cm, è fondamentale per ottenere migliori rese. Tuttavia, alcuni studi hanno dimostrato che anche bulbi con diametro di 2.5 cm possono produrre fiori e bulbilli.

Ulteriori ricerche hanno evidenziato che bulbi di dimensioni maggiori, superiori ai 3.5 cm di diametro e pesanti circa 20 g, hanno prodotto quattro volte più fiori rispetto a bulbi più piccoli che pesavano solo 10g. Studi simili hanno registrato le migliori produzioni di fiori da bulbi di grandi dimensioni in diverse regioni, come in India e Spagna.

Inoltre, è stato dimostrato che bulbi di dimensioni maggiori, tra i 3.25-3.75 cm di diametro, hanno una maggiore lunghezza degli stigmi, un maggior numero di fiori per bulbo, foglie più lunghe e un maggior numero di bulbi figli prodotti dal bulbo madre.
L'uso di bulbi di grandi dimensioni contribuisce quindi a ottenere rese più elevate e migliori risultati complessivi nella coltivazione di questa pianta.

CONCIMAZIONE

La concimazione è un aspetto fondamentale nella coltura dello zafferano, anche se questa pianta ha esigenze nutritive relativamente contenute. Quando, oltre ai fiori, si raccolgono anche le foglie dello zafferano, si prelevano dal terreno quantità significative di azoto (N), fosforo (P) e potassio (K). Ad esempio, per ogni tonnellata di foglie raccolte, vengono asportati dal terreno circa 10.2 kg di azoto, 3.2 kg di fosforo e 22.8 kg di potassio.

L'utilizzo di concimi organici ha dimostrato di migliorare la condizione fisica e la struttura del terreno, aumentandone la capacità di trattenere l'acqua. La concimazione di fondo con letame viene effettuata in diverse quantità a seconda delle regioni: da 15 a 22 tonnellate per ettaro a Ranikhet, 20 tonnellate in Grecia, 15-20 tonnellate nel Kashmir, 30 tonnellate a Sangla in India, 40 tonnellate in Iran.

Va sottolineato che la concimazione organica da sola non è sufficiente a soddisfare completamente le necessità nutritive dello zafferano. È pertanto necessario combinare concimi organici e minerali per ottenere rese più elevate. Ad esempio, l'aggiunta di 30 tonnellate di letame bovino e 50 kg di fosfato di ammonio per ettaro ha comportato un notevole aumento della produzione di zafferano in terreni poveri. In un'altra località, l'applicazione di 100 kg di urea per ettaro ha portato alla più alta resa in fiori.

Gli studi hanno dimostrato che l'azoto ha avuto l'effetto più significativo nel favorire la produzione di fiori, soprattutto in terreni sabbiosi. L'aggiunta di 20 tonnellate di materiale organico insieme a 100 kg di un fertilizzante contenente N+P+K per ettaro ha portato alla più alta produzione di zafferano.

Diverse ricerche condotte in vari ambienti hanno fornito importanti risultati riguardo alle migliori pratiche di fertilizzazione per la coltura dello zafferano.
Nei terreni sabbiosi o tendenzialmente sabbiosi dei Paesi Bassi, è stata dimostrata la resa più alta di bulbi con un'applicazione annuale frazionata di 150 kg di azoto per ettaro.

Negli ambienti piovosi, come nel Kashmir, sono state suggerite diverse combinazioni di fertilizzanti. Munshi e altri hanno consigliato l'applicazione di 20 kg di azoto, 80 kg di fosforo e 20 kg di potassio al momento della semina o prima dell'aratura finale, e successivamente dopo la fioritura, insieme a 20 tonnellate di sostanza organica. In questa regione, dosi di 30 kg di azoto e potassio e 40 kg di fosforo per ettaro si sono dimostrate ideali. Dosaggi più elevati di azoto, fosforo e potassio (90 kg di azoto, 60 kg di fosforo e 60 kg di potassio per ettaro) hanno notevolmente incrementato la produzione di zafferano a Sangla, India. Tuttavia, in Kashmir, è stato riscontrato un aumento significativo nella produzione con l'applicazione di un livello medio di sostanze nutritive (45-50-30 kg di azoto, fosforo e potassio per ettaro) e una quantità elevata di sostanza organica (20 tonnellate per ettaro).

Un altro aspetto importante è l'interazione tra fosforo e potassio. Singh e altri hanno studiato questa interazione e hanno ottenuto un aumento del 125.64% nella produzione di zafferano controllata applicando 35 kg di fosforo e 30 kg di potassio per ettaro a Kishtwar, India.

In Iran, è stato osservato un aumento del 33% nella resa dello zafferano applicando 46 chilogrammi di azoto per ettaro sotto forma di urea e 30 tonnellate di letame per ettaro. Inoltre, Hosseini e altri hanno segnalato che l'applicazione fogliare di fertilizzanti a base di azoto ha incrementato il numero di fiori del 33% quando effettuata nel mese di marzo.

Boynton ha evidenziato l'importanza della fertilizzazione fogliare per eliminare carenze di sostanze nutritive nelle piante orticole e nei prodotti agricoli. In particolare, l'applicazione di potassio è stata associata ad un aumento del contenuto di K e di clorofilla, del contenuto relativo di ATP (adenosina trifosfato) e del tasso fotosintetico netto delle foglie.

In Turchia, Unal e Cavusoglu hanno studiato gli effetti di diversi fertilizzanti a base di azoto sullo zafferano e hanno riferito che l'urea ha contribuito a ottenere il maggior numero di fiori e il maggiore peso di zafferano fresco e secco, mentre il nitrato di ammonio ha influenzato l'altezza massima delle piante.

Queste ricerche evidenziano l'importanza di una corretta fertilizzazione per ottenere rese elevate e migliorare la qualità dello zafferano, sia attraverso l'applicazione di fertilizzanti sul terreno che attraverso l'applicazione fogliare.

IRRIGAZIONE

Nella coltivazione dello zafferano, di solito non viene praticata l'irrigazione poiché durante i periodi di maggiori carenze idriche i bulbo-tuberi sono in fase di riposo. Tuttavia, è importante tenere presente che le esigenze idriche dello zafferano variano a seconda delle condizioni climatiche e del terreno in cui viene coltivato.

Nel Kashmir, dove la piovosità è di 1000-1500 mm all'anno, lo zafferano è coltivato esclusivamente sfruttando le piogge. Tuttavia, a causa della crescente penuria d'acqua, la produzione di zafferano in questa regione sta diminuendo.

In alcune regioni, come in Marocco, l'irrigazione con 350-500 m³ di acqua per ettaro è praticata solitamente una volta alla settimana da settembre a novembre e ogni due settimane da dicembre a marzo. Durante i mesi di aprile-agosto, che corrispondono al periodo di dormienza dei bulbi, non viene effettuata alcuna irrigazione.

In Iran, le esigenze di irrigazione possono variare e vengono stimate a circa 3000 m³ annui per ettaro, mentre in Marocco si aggirano intorno a 500 m³, secondo diverse fonti.

L'irrigazione è particolarmente importante all'inizio della primavera per lo sviluppo dei bulbi, mentre le piogge poco prima della fioritura possono favorire una maggiore produzione di fiori. Inoltre, un'irrigazione adeguata nei primi mesi dell'autunno può accelerare la fioritura e migliorare la quantità e la qualità del raccolto.

In Spagna, dove il clima è temperato e asciutto con circa 400 millimetri di pioggia annuale, viene praticata l'irrigazione durante la coltivazione dello zafferano. In Grecia, dove la piovosità annuale è di circa 500 millimetri, l'irrigazione è anch'essa una pratica importante per ottenere buoni raccolti.

In conclusione, le esigenze di irrigazione dello zafferano possono variare a seconda della regione, ma l'apporto idrico adeguato durante le fasi cruciali della coltivazione può favorire una maggiore produzione e una migliore qualità del prodotto finale.

ERBE INFESTANTI

Le infestanti possono rappresentare un problema significativo nella coltivazione dello zafferano, causando perdite stimate tra il 5% e il 20% del raccolto. La competizione delle infestanti è particolarmente critica durante il ciclo produttivo, con differenze rilevanti a seconda che la coltura sia annuale o poliennale.

Nei campi coltivati annualmente, lo zafferano raggiunge il massimo sviluppo vegetativo in marzo-aprile, quando la crescita delle infestanti è solitamente contenuta. Tuttavia, tra maggio e luglio, quando lo zafferano entra in un periodo di latenza sotterranea, le erbe infestanti possono raggiungere il loro massimo sviluppo. In alcune regioni, come nell'altopiano di Navelli, dove la coltura è tradizionalmente annuale, il controllo delle infestanti è spesso trascurato, e a fine maggio o inizio giugno si procede a falciare il campo per ridurre la crescita delle infestanti.

D'altra parte, nelle coltivazioni poliennali, dove i bulbo-tuberi rimangono nel terreno per diversi anni, è essenziale rimuovere le erbe infestanti prima della germogliazione autunnale. Se il terreno non è baulato, come ad esempio in alcune zone della Spagna, si effettuano fresature o erpicature superficiali incrociate per eliminare le infestanti senza danneggiare i bulbi-tuberi. Durante questa lavorazione, viene anche incorporato lo stallatico per migliorare la fertilità del terreno.

Le lavorazioni del terreno, oltre a controllare le infestanti, hanno anche l'effetto positivo di mantenere il terreno fresco, il che è importante per la coltivazione dello zafferano. Queste lavorazioni vengono ripetute fino al mese di settembre per mantenere sotto controllo la crescita delle infestanti.
Nel caso in cui il terreno sia baulato, ovvero sollevato in file sopraelevate, le fresature vengono eseguite utilizzando motocoltivatori con lavorazioni superficiali per evitare danni alla coltura.

In conclusione, il controllo delle infestanti è una pratica essenziale nella coltivazione dello zafferano, e le tecniche di lavorazione del terreno variano a seconda del tipo di coltura (annuale o poliennale) e del metodo di preparazione del terreno (baulato o non baulato). Una gestione adeguata delle infestanti è fondamentale per garantire rese ottimali e la salute delle piante di zafferano.

Per ridurre la necessità di interventi manuali o meccanici per il controllo delle infestanti, sono stati studiati diversi metodi di pacciamatura e copertura del suolo. Tra i materiali utilizzati per la pacciamatura si sono ottenuti risultati migliori con derivati del legno come chips, segatura e trucioli. Alcune altre opzioni testate includono film di polietilene, foglie e steli di felci, paglia di segala e chips di legno.

In Grecia, una pratica tradizionale per il controllo delle infestanti era l'utilizzo di calpestii animali, principalmente da muli ed asini. Questi animali calpestavano il terreno ripetutamente, fino a tre volte, entro i primi di settembre, distruggendo così le infestanti. Questo metodo era affiancato da una leggera aratura o da un trattamento con la fresa, sia prima che dopo la messa a dimora dei bulbi. Tuttavia, è importante che la profondità di lavorazione del terreno dopo l'impianto non superi gli 8 - 10 cm, per evitare che i bulbi emergano dal terreno o vengano danneggiati.

In Sardegna, per il controllo delle infestanti, vengono utilizzati strumenti come la zappa per gli interventi sulla linea di coltivazione. Inoltre, per lavorazioni più estese tra le file, vengono utilizzati motocoltivatori per la sarchiatura, la fresatura o la rincalzatura.

L'uso di pacciamature e coperture verdi può contribuire a ridurre la presenza di infestanti, rendendo più efficiente il controllo meccanico e manuale delle stesse. Le pratiche di lavorazione e di gestione del terreno possono variare a seconda delle specifiche condizioni locali e delle preferenze del coltivatore. L'obiettivo è quello di mantenere la coltura dello zafferano sana e ridurre l'impatto negativo delle infestanti sulla produzione.

CONTROLLO DEI PARASSITI ANIMALI

La coltivazione dello zafferano può essere soggetta a danni causati da diversi tipi di parassiti e roditori. Tra i roditori, i ratti e le arvicole possono nutrirsi dei bulbo-tuberi, causando danni significativi alla coltivazione. Le talpe, invece, scavano gallerie nel terreno e sono particolarmente attratte dai bulbo-tuberi. Anche le lepri e i topi possono provocare danni alla parte superficiale della pianta, soprattutto alla parte vegetativa. Inoltre, i topi e le talpe possono causare considerevoli danni al raccolto dello zafferano eliminando i bulbi. Anche i corvi possono causare danni alla fioritura, provocando una grande perdita di fiori.

Un altro parassita insolito che può attaccare il fiore di zafferano è la cantaride, che si nutre di miele e danneggia lo stigma del fiore. Inoltre, Chandel e altri hanno segnalato un nuovo parassita dello zafferano, lo scarabeo delle bolle.

Per proteggere la coltivazione dagli attacchi dei parassiti e dei roditori, possono essere adottate diverse misure di controllo, tra cui l'utilizzo di barriere fisiche, repellenti, trappole o metodi di lotta biologica. È importante monitorare costantemente la coltivazione per individuare eventuali segni di infestazioni e intervenire tempestivamente per prevenirne l'aggravarsi. La gestione integrata delle infestazioni, combinando diverse strategie di controllo, può aiutare a ridurre i danni e a proteggere la coltivazione dello zafferano.

Per contrastare i predatori come roditori e talpe che possono danneggiare la coltivazione dello zafferano, vengono adottate diverse misure di lotta. Una delle strategie consiste nella preparazione di esche avvelenate, utilizzando prodotti tossici come l'arsenito sodico, l'anidride di arsenico, la stricnina e il fosfuro di zinco. Questi prodotti vengono mescolati con granaglie o erba medica tritata e cosparsi su alcuni frutti per attirare i roditori e i predatori.

Tuttavia, va sottolineato che l'uso di tali prodotti è estremamente pericoloso e deve essere gestito con molta cautela. È importante seguire rigorosamente le istruzioni di utilizzo e adottare misure di sicurezza adeguate per proteggere sia l'ambiente che gli operatori agricoli.

Per contrastare le talpe e i topi che vivono nelle gallerie sotterranee, un altro metodo utilizzato è l'introduzione di micce accese, che producono gas tossici come lo zolfo bruciato o la paglia incendiata mescolata con zolfo. Questi gas vengono diffusi all'interno delle gallerie per eliminare i predatori.

In Spagna, un'alternativa utilizzata dagli agricoltori è l'uso dei gas di scarico provenienti dai tubi di scappamento di motor-scooter lasciati accesi per alcune ore. Questi gas vengono introdotti all'interno delle gallerie per eliminare i predatori. È fondamentale eseguire queste operazioni con attenzione e prudenza per garantire la sicurezza e il successo delle misure di lotta.

PATOLOGIE DELLO ZAFFERANO

I principali problemi che possono colpire i bulbi di zafferano sono solitamente legati all'azione di funghi patogeni come Fusarium oxysporum, Rhizoctonia croccorum e Rhizoctonia violacea, oltre all'acaro Rhizoglyphus. La presenza di agenti biotici può influenzare negativamente la produzione dello zafferano.

Il marciume dei bulbi rappresenta la malattia più grave per lo zafferano ed è causato da diversi tipi di funghi che si sviluppano nel terreno, come Rhizoctonia, Fusarium Solani, Phoma Crocophila, Macrophomina phaseolina e una specie di Basidomycotina. I bulbi infetti mostrano macchie di colore rosso, marrone, nero o bianco. In Italia, la presenza di Macrophomina phaseolina è stata segnalata per la prima volta da Carta. In India, Thakur e altri hanno riportato il marciume dei bulbi causato da Macrophomina phaseolina con sintomi che interessano il 30-40% dei bulbi. Tale malattia è stata riscontrata durante la semina.

L'insorgenza di Fusarium oxysporum f.sp. Gladioli sullo zafferano è stata segnalata anche in Italia da Cappelli. Altri autori italiani, come Francesconi, hanno riportato il marciume dei bulbi di zafferano causato da Penicillium cyclopium, soprattutto durante il periodo caldo e umido tra luglio e agosto. Inoltre, si è osservato che i bulbi danneggiati risultano essere più suscettibili alle malattie.

I sintomi iniziali della decomposizione si manifestano durante la fase di fioritura delo zafferano, con l'ingiallimento e il disseccamento delle gemme, causati dalla marcescenza della parte inferiore del fusto e dalla comparsa di macchie bianche e rotonde sul bulbo. Sotto lo strato esterno del bulbo si forma una patina nera polverosa.

Per il controllo efficace del marciume dei bulbi di zafferano causato da Fusarium oxysporum, sono stati sviluppati alcuni trattamenti. Shah e Srivastava hanno ottenuto successi nel controllo della malattia utilizzando captafol al 80%, carbendazim o benomile, ciascuno al 0,2%. I bulbi venivano immersi in queste soluzioni per 20 minuti prima della semina. Inoltre, l'applicazione di prodotti chimici come clorpirifos, forate 10 G o quinalphos 5 G, a una quantità di 25-30 kg/ettaro al momento della semina, è risultata efficace nel contrastare l'attacco delle larve di coleotteri.

FIORITURA E RACCOLTA

Lo zafferano fiorisce in autunno, solitamente tra la fine di ottobre e la fine di novembre. Tuttavia, il periodo esatto di fioritura può variare a causa di diversi fattori, come le condizioni termopluviometriche, la data di impianto della coltura e le dimensioni e la provenienza dei bulbo-tuberi utilizzati.

Le piogge moderate che si verificano alla fine dell'estate o all'inizio dell'autunno possono favorire una fioritura anticipata. La fioritura è influenzata significativamente dalla temperatura e dall'umidità ambientale; giornate calde o umide tendono a favorire un'antesi concentrata, mentre il gelo, la neve e il freddo possono ostacolarla, portando a una fioritura più prolungata nel tempo (di solito intorno a 20 giorni).

Durante il periodo di raccolta, si osserva un'abbondante produzione floreale, che può ripetersi due o tre volte. Il grafico della fioritura segue un andamento di tipo gaussiano, con un inizio anticipato e una durata prolungata rispetto al picco di fioritura. Questo tipo di fioritura scalare richiede un notevole impegno costante nella manodopera durante il periodo di raccolta.

L'epoca di impianto dei bulbo-tuberi ha un impatto significativo sulla fioritura dello zafferano. In generale, ritardare la messa a dimora dei bulbi tende a posticipare l'inizio dell'antesi delle piante. Di conseguenza, in ambienti caratterizzati da autunni freddi, è preferibile anticipare l'impianto dello zafferaneto per favorire una fioritura più tempestiva.

Le dimensioni e le provenienze dei bulbo-tuberi influenzano anche la fioritura delle piante. I bulbi di dimensioni maggiori tendono ad avere una fioritura più precoce, mentre sono state osservate differenze di circa 20 giorni tra le provenienze spagnole e italiane, con queste ultime che presentano una fioritura più anticipata.

La raccolta dei fiori di zafferano è una fase delicata e cruciale nella produzione di questa preziosa spezia. Nei paesi produttori di zafferano, la raccolta viene effettuata alle prime ore del mattino, preferibilmente prima che il fiore si apra a causa dell'esposizione al sole. La raccolta dei fiori ancora chiusi è più rapida e agevola la successiva operazione di "mondatura," ovvero la separazione degli stigmi dai tepali e dagli stami.

Questo metodo garantisce una maggiore resistenza degli organi fiorali contro il deterioramento.

Tuttavia, la raccolta e la separazione degli stigmi dal fiore sono operazioni molto impegnative e richiedono tempo. Per produrre un chilogrammo di zafferano secco, sono necessarie diverse centinaia di ore di lavoro, poiché 1000 fiori richiedono circa 45-55 minuti per la raccolta e ulteriori 100-130 minuti per la separazione degli stigmi. Questo rende lo zafferano una delle spezie più costose al mondo.

La raccolta inizia subito dopo l'alba per evitare l'esposizione prolungata al sole, poiché il calore e la luce solare possono causare una rapida perdita di colore e sapore e l'appassimento dei fiori. I fiori vengono raccolti alla base dei segmenti e disposti in cesti in strati sottili per evitare danni agli organi fiorali, in particolare agli stigmi.

Una volta raccolti, i fiori vengono portati all'interno per la separazione degli stigmi. Durante questa fase, gli stigmi di lunghezza inferiore a 2 mm vengono separati dal resto degli organi. Gli stigmi di lunghezza superiore a 2 mm vengono considerati di qualità inferiore.

La raccolta dello zafferano è un processo delicato e influenzato dalle condizioni meteorologiche. Durante le giornate di intensa fioritura, è preferibile completare la raccolta prima che il sole riscaldi il terreno. In caso contrario, si può anticipare la raccolta alla sera precedente. Se il cielo è nuvoloso, è possibile prolungare la raccolta durante la mattinata, mentre in giornate fredde con brina, bisogna attendere che l'atmosfera si riscaldi per ridurre la fragilità dei fiori.

La raccolta viene effettuata manualmente, poiché la meccanizzazione di questa fase è ancora difficile. In Italia, dove il terreno è baulato e suddiviso in dossi, l'operatore procede alla raccolta di due file per volta, alternando tra il vialetto di sinistra e quello di destra. In Spagna, dove il terreno non è baulato, il raccoglitore è in grado di raccogliere i fiori di tre file abbinate con un solo sbraccio.

La resa della raccolta dipende dalle abilità dell'operatore e dalle condizioni di coltivazione e meteorologiche. Si stima una resa media di 8-16 kg di fiori al giorno per persona. Per raccogliere il fiore, è necessario stringerlo tra il pollice e l'indice di una mano e tagliarlo con l'unghia del pollice a circa un centimetro sotto la fauce, ovvero il punto in cui inizia la campana del fiore. I fiori raccolti vengono poi disposti in cesti di vimini per evitare di schiacciarli. In caso di raccolta abbondante, i fiori vengono scaricati su un telo o un sacco e trasferiti all'azienda per la successiva operazione di "mondatura", ovvero la separazione degli stigmi dagli altri organi del fiore.

In Grecia, la raccolta dei fiori avviene quotidianamente tra le 9:00 e le 17:00. I fiori sono tagliati con molta cura all'altezza della base dei petali e la raccolta avviene quando il fiore è completamente aperto.

In Sardegna, di solito, la raccolta si svolge dalla seconda metà di ottobre alla prima metà di novembre, mentre in Spagna, il periodo coincide approssimativamente con quello della Sardegna. In Grecia, la raccolta dei fiori si svolge dal 15 al 30 ottobre, mentre in India (Kashmir) avviene nel tardo autunno.

Riguardo alla produzione fiorale, ogni bulbo-tubero con un diametro superiore a 2,5 cm produce da 2 a 5 fiori. La produzione di fiori dipende da vari fattori, come le condizioni climatiche, la tipologia di terreno e la densità di impianto. In media, da un ettaro di terreno coltivato a zafferano si raccolgono 4-5 tonnellate di fiori freschi, da cui si ricavano circa 50 kg di stigmi da essiccare.

La meccanizzazione della raccolta dei fiori non è sempre possibile. È fattibile solo se il terreno è stato adeguatamente preparato dopo l'impianto o alla fine dell'estate, nel caso di una coltura coltivata in anni precedenti. In tali casi, si utilizzano macchinari come frese che lavorano il terreno da 3 a 10 cm di profondità, a seconda della posizione dei germogli. Dopo aver rivoltato la terra, si livella e compatta il suolo con un rullo a motore. È essenziale liberare preventivamente il terreno da piante infestanti e resti vegetali.

PRODUTTIVITÀ

Lo zafferano può essere coltivato con un ciclo poliennale, che può durare fino a 10 anni a seconda della località, oppure con un ciclo annuale. La produzione fiorale è influenzata da diverse variabili, come le condizioni climatiche e pedologiche, le caratteristiche e la densità di impianto, la durata del ciclo produttivo e, nel caso della coltura poliennale, l'anno di produzione.

La resa massima si verifica nei primi due anni (cioè nella seconda e nella terza fioritura), mentre a partire dal terzo anno la produzione inizia a diminuire. Ad esempio, nella regione della Macedonia occidentale, la produzione annua di zafferano è in media di 10 kg/ha e dipende principalmente dalle condizioni meteorologiche prevalenti in autunno. La quantità di zafferano raccolta può variare da 1,5 a 15,0 kg/ettaro, a seconda della densità di semina, dell'età della piantagione e delle condizioni climatiche durante la stagione del raccolto. I dati produttivi sono solitamente espressi come resa per ettaro della coltura in prodotto essiccato.

In India, nella regione del Kashmir, la produzione massima registrata è stata di 6,8 kg/ha, ma questo valore è stato influenzato dall'alta incidenza di tare (fossetta di sgrondo acque e di servizio) rispetto alla superficie produttiva. Altre ricerche hanno riportato resa più basse, come 3,8 kg/ettaro in condizioni climatiche temperate e 2,9 kg/ettaro nei climi pluviali a Kishtwar, India.

In Grecia, la resa dei fiori varia nel tempo, da 3 a 15 kg/ha. Sono stati registrati valori come 3,0 kg/ettaro il primo anno, 10,0 kg/ettaro il secondo anno, 15,0 kg/ettaro il terzo e quarto anno, e una diminuzione a 10,0 kg/ha durante il quinto e sesto anno. In media, un ettaro di coltivazione poliennale in 6 anni produce 60,0 kg di zafferano rosso (stigma e stili) o 20,0 kg di zafferano giallo (stami).

In Spagna, dove la coltura è poliennale nella regione della Mancha, la produzione media si aggira intorno a 10,0-12,5 kg/ettaro. Tuttavia, in condizioni pluviali e di mancata concimazione in Kashmir, la produzione scende a soli 1,5-3,0 kg/ettaro.

Il rendimento medio dello zafferano in Marocco varia da 2,0 a 2,5 kg/ettaro, che è considerato basso rispetto alle piantagioni moderne di zafferano in Spagna o Italia. Ciò è principalmente dovuto alla presenza di piogge e all'irrigazione durante la formazione dei bulbi e lo sviluppo delle piante, che riducono significativamente la produttività. Un chilogrammo di fiori freschi rende circa 72 g di zafferano fresco (stigmi), i quali, a loro volta, producono 12 g di stimmi essiccati. Il prodotto finale mantiene un'umidità di circa 5-20%.

Nella provincia di Khorasan in Iran, la resa media dello zafferano dei campi commerciali è di 4,4 kg/ettaro. A Navelli, in Italia, la produzione media di zafferano essiccato/ettaro è di 10-16 kg. Questa zona ha registrato il più alto tasso di produzione/ettaro di zafferano nel mondo.

I Paesi Bassi e il Giappone producono ed esportano bulbi di zafferano. De Juan e altri hanno registrato una produzione di bulbi tra 28,4 e 36,3 tonnellate per ettaro in Spagna.

In Italia, dove la coltura dello zafferano è annuale, la produzione varia generalmente tra i 10 e i 15 kg per ettaro. Gli agricoltori dell'Aquilano stimano una resa media di 16 kg per ettaro. Secondo agenti dell'Extension agraria della provincia di Albacete, in Spagna, le produzioni per ettaro sono state indicate in 6 kg al primo anno, 12 kg al secondo anno e 10 kg al terzo anno.

Nella regione della Sardegna, in Italia, la produzione fiorale per ettaro si stima essere di circa 650.000-700.000 fiori (equivalenti a 5 kg di stimmi secchi) nel primo anno, circa 1.300.000-1.400.000 fiori (10 kg di stimmi secchi) nel secondo anno e 1.950.000-2.100.000 fiori (15 kg di stimmi secchi) nel terzo anno. Nel quarto anno, la produzione torna a ridursi a circa 1.300.000-1.400.000 fiori (10 kg di stimmi secchi).
Per ottenere 1 chilogrammo di stimmi essiccati, è necessario raccogliere circa 140.000 fiori, corrispondenti a 75 kg in peso fresco.

La produzione stimata per ettaro può essere riassunta come segue:
- Produzione di fiori in numero: 1.400.000
- Produzione di fiori in peso: 750 kg
- Produzione di stimmi freschi: 50 kg
- Produzione di stimmi essiccati: 10 kg

La resa di zafferano "crudo", ovvero stimmi freschi, è di 5 kg ogni 75 kg di fiori raccolti. Con la tostatura, gli stimmi freschi perdono circa 4/5 del loro peso, e quindi da 5 kg di stimmi freschi si ottiene 1 kg di stimmi essiccati.

Oltre agli stimmi, altre parti della pianta vengono utilizzate come prodotti secondari. Le foglie e i bulbo-tuberi possono essere utilizzati nell'alimentazione del bestiame, soprattutto pecore e vacche, poiché contribuiscono ad aumentare e migliorare la secrezione lattea.

SEPARAZIONE DEGLI STIGMI

La fase della raccolta dei fiori di zafferano è seguita dalla cosiddetta "mondatura" o "sfioratura" (chiamata "monda de la rosa" in Spagna). Questa operazione viene eseguita manualmente e consiste nella recisione del fiore al di sotto del punto di separazione dei tre stigmi, evitando il più possibile di includere lo stilo di colore gialliccio, che potrebbe deprezzare il prodotto. Questa è un'attività semplice, ma richiede esperienza, soprattutto per individuare il punto ottimale per separare lo stilo dagli stimmi.

La "sfioratura" deve essere completata nello stesso giorno della raccolta del fiore per evitare che gli stimmi appassiscano, ed è solitamente effettuata su tavoli da lavoro. Fino ad oggi, questa operazione veniva eseguita solo manualmente, ma recentemente in Macedonia è stato sviluppato un macchinario semiautomatico che separa gli stimmi e gli stami, il cui peso è superiore a quello dei petali, utilizzando una corrente d'aria generata da una ventola. Tuttavia, il processo manuale viene ancora utilizzato quando si desidera ottenere un prodotto di alta qualità.

In media, 1 kg di fiori produce circa 72 g di stimmi freschi, che corrispondono a 12 g di stimmi essiccati. Pertanto, per produrre 1 kg di zafferano possono essere necessari fino a 200.000 fiori. Questa operazione manuale e intensiva è una delle ragioni per cui lo zafferano è considerato la spezia più costosa al mondo.

In Sardegna invece si esclusivamente usa il metodo manuale, che consiste nel taglio del fiore nel tubo del perianzio, senza aprire i petali con l'unghia oppure con un paio di forbicine, e solo successivamente separare gli stimmi dal resto del fiore che viene gettato. Una mondatrice esperta può lavorare su 600-700 fiori all'ora che corrispondono a circa 4g di prodotto secco.

ESSICCAZIONE DEGLI STIGMI

La fase di disidratazione è un trattamento post raccolto essenziale per trasformare gli stigmi in spezie di zafferano. Durante questo processo, gli stigmi subiscono una perdita di circa l'80% del loro peso originale. Il colore, il sapore e la qualità generale dello zafferano dipendono dal metodo di essiccazione utilizzato, poiché durante questa fase si verifica l'idrolisi della crocina e dei pigmenti correlati. Le modifiche chimiche che avvengono negli stigmi durante l'essiccazione influenzano il sapore e la forza della spezia finale. Uno zafferano di alta qualità ha un sapore piacevole, floreale e delicatamente speziato, con una nota leggermente amara. Un basso contenuto di umidità, preferibilmente inferiore al 12% come stabilito dallo standard ISO3632, aiuta a mantenere la qualità del prodotto più a lungo. Inoltre, l'umidità dello zafferano durante il periodo di conservazione influenza anche la qualità del colore.

Il processo di essiccazione può variare da paese a paese, con due metodi principali in termini di temperatura. In alcuni paesi come India, Marocco e Iran, gli stigmi vengono essiccati a temperatura ambiente, esponendoli direttamente alla luce solare o in ambienti ben ventilati. In India, gli stigmi vengono essiccati al sole per 3-5 giorni fino a ridurre il loro contenuto di acqua al 8-10%, ottenendo lo zafferano di prima qualità. Le parti rimanenti del fiore vengono anch'esse essiccate al sole per 3-5 giorni, battute leggermente con bastoni, e poi immesse nell'acqua. Le parti che galleggiano vengono scartate, mentre quelle che affondano vengono raccolte e ulteriormente essiccate, costituendo lo zafferano di seconda qualità. Le parti scartate del fiore, trattate come sopra descritto, costituiscono lo zafferano di terza qualità.

In Marocco, gli stigmi vengono disposti su un panno in uno strato molto sottile e asciugati al sole per diverse ore o all'ombra per 7-10 giorni. Questo è un processo di essiccamento a bassa temperatura. D'altro canto, in Spagna, Grecia e Italia, viene utilizzato un secondo metodo di essiccamento ad alte temperature, in cui gli stigmi vengono esposti all'aria calda o a una fonte di calore.

Nell'Altopiano di Navelli, in Italia, gli stimmi vengono posti in uno setaccio ben steso e posizionato sopra una brace viva di legna di quercia roverella, a circa 20 cm di distanza. Il setaccio è sospeso da tre corde in modo da poter essere facilmente ruotato, garantendo un'essiccazione uniforme. Durante il processo, gli stimmi vengono rivoltati per garantire un'essiccazione uniforme su entrambi i lati. La tostatura dura tra i 15 e i 20 minuti. La disidratazione è considerata completa quando gli stigmi, premuti tra le dita, non si rompono e mantengono una certa elasticità. Questo metodo tradizionale di tostatura su brace preserva il colore rosso porpora, il profumo e l'aroma dello zafferano. Test effettuati con essiccatori elettrici hanno confermato che gli stimmi essiccati su brace secondo il metodo tradizionale conservano migliori qualità organolettiche.

Con la tostatura, gli stimmi perdono circa 4/5 del loro peso. Ad esempio, da 500 g di stimmi freschi si ottengono 100 g di stimmi essiccati. Il prodotto finale mantiene un contenuto di umidità tra il 5% e il 20%. Gli stimmi essiccati possono essere successivamente tritati con un macinacaffè elettrico per ridurli in polvere, pronti per l'uso come spezia.

In Spagna, durante il processo di essiccazione, è comune sovrapporre un secondo setaccio al primo per rovesciare gli stigmi senza movimentarli direttamente, evitando così la frammentazione. Questo metodo assicura risultati migliori per preservare l'integrità del prodotto. L'essiccazione in Spagna avviene su stufe a legna, bracieri o caminetti rustici, ma la fonte di calore è sempre costituita dalla legna.

In Grecia, vengono utilizzati diversi metodi di essiccazione: essiccazione all'ombra per circa 5-10 giorni, stendendo i filamenti per terra o su reti; essiccazione al sole per 3-4 giorni, lasciando lo zafferano all'aria aperta; essiccazione in forno a legna con una durata di 10 minuti.

In Sardegna, prima del processo di essiccazione, si pratica l'umettamento, chiamato "feidadura", che consiste nell'impregnare leggermente gli stimmi con olio d'oliva vergine. La quantità di olio utilizzata corrisponde a circa un quarto di un cucchiaino da caffè per 100 g di zafferano fresco. Attraverso questa operazione, si ritiene di migliorare l'aspetto dello zafferano e prolungare la sua conservazione.

Inoltre, va notato che l'essiccazione rappresenta un processo cruciale, poiché durante questa fase avviene l'idrolisi della crocina e dei pigmenti alleati. I cambiamenti chimici negli stigmi durante l'essiccamento influenzano il sapore e la forza della spezia finale, quindi la cura e la precisione nella fase di essiccazione sono fondamentali per ottenere uno zafferano di alta qualità.

Tutti i produttori concordano sul fatto che l'ideale sia effettuare la mondatura nello stesso giorno della raccolta. Quando ciò non è possibile, i fiori vengono disposti su teli di plastica, stesi per terra in locali ben areati, in strati non superiori a 10 cm, per evitare che si incollino o che gli stimmi si danneggino sotto un peso eccessivo. Il punto ottimale di essiccazione si situa attorno al 10% di umidità residua per evitare che l'operazione di confezionamento sia troppo delicata.

Il metodo di essiccazione può influenzare le dimensioni e il volume del prodotto finale. Temperature più elevate e tempi più lunghi di essiccazione possono portare ad un accorciamento della lunghezza e un ridotto volume dello zafferano.

Sono stati condotti studi sui diversi metodi di essiccazione, e si è osservato che il tradizionale essiccamento al sole effettuato in India richiede un periodo di tempo tra 27 e 53 ore, il che potrebbe causare la degradazione enzimatica della crocina, il principale pigmento dello zafferano. Un metodo più breve di essiccazione e una temperatura controllata possono produrre uno zafferano di migliore qualità.

Studi hanno confrontato vari metodi di essiccazione, tra cui l'essiccamento all'ombra, all'aria aperta, al sole, in forni elettrici, a flussi incrociati, al forno vuoto e deumidificato. Alcuni di questi studi hanno indicato che l'essiccamento con temperature controllate, come 40 ± 5°C (essiccatore solare o forno essiccatore), è il migliore per mantenere l'alta qualità dello zafferano, risparmiando tempo rispetto all'essiccamento tradizionale al sole. Altri studi hanno confrontato l'essiccazione tradizionale, una variante spagnola con temperatura di 55°C e l'essiccazione a microonde (300 watt), e hanno notato che lo zafferano essiccato a microonde aveva una maggiore resistenza del colore, aroma e gusto amaro.

In generale, il processo di essiccazione è cruciale per mantenere la qualità e le caratteristiche dello zafferano e viene svolto con cura e precisione per ottenere un prodotto finale di alta qualità.

CONTROLLO DELL'UMIDITÀ

È essenziale controllare il livello medio di umidità del prodotto prima del confezionamento. Se la percentuale di umidità diventa eccessiva, potrebbe superare i limiti imposti dalle leggi o non soddisfare le esigenze di un potenziale acquirente. Inoltre, un alto livello di umidità può favorire l'insorgenza di muffe e lieviti e causare la perdita del potere colorante dovuto alla dissoluzione delle crocine, i principali pigmenti dello zafferano. I valori di umidità possono variare tra il prodotto in filamenti e quello in polvere, con il primo che in genere ha un'umidità più alta.

In Sardegna, raramente vengono effettuati controlli sull'umidità poiché i risultati delle analisi hanno confermato che l'umidità del prodotto non supera mai il 10%.

In Macedonia occidentale, lo zafferano viene accettato dalla "cooperativa dello zafferano" solo se l'umidità non supera l'11,5%. Se l'umidità supera questo valore, il prodotto viene sottoposto nuovamente a essiccamento in specifici forni per raggiungere l'umidità desiderata prima di essere confezionato e commercializzato.

QUALITÀ

Dopo il completo essiccamento, lo zafferano deve essere conservato immediatamente in contenitori perfettamente coperti o sigillati e protetti dalla luce per evitare l'imbianchimento. Il prodotto finale è costituito da fili stretti, di colore da arancione scuro a brunorossastro, di circa 1 pollice di lunghezza. Il vero zafferano ha un gusto piacevolmente piccante, pungente e amaro, con un odore tenace. È disponibile sia in filamenti che sotto forma di polvere, ma i filamenti lunghi e rosso-cupi sono generalmente preferiti rispetto alla polvere, poiché questa può essere facilmente adulterata.

La qualità dello zafferano dipende dal suo colore (concentrazione di crocina), dal gusto (picrocrocina) e dall'odore (safranale). Lo zafferano di migliore qualità ha un'alta capacità di assorbimento della crocina (> 190) a 440 nm, una capacità di assorbimento di picrocrocina (25-30) a 330 nm e una capacità di assorbimento di safranale (100) a una lunghezza d'onda di 257 nm.

Lo zafferano fresco appare lucido e grasso al tocco, ma col tempo diventa opaco e friabile. La conservazione al buio e in ambienti a bassa temperatura e umidità relativa è importante per preservarne la qualità. A causa del suo elevato prezzo, lo zafferano è spesso soggetto ad adulterazioni. Per aumentarne il peso, si aggiunge frequentemente acqua o, in alcuni casi, petrolio o glicerina per migliorarne l'aspetto. Talvolta, fiori di altre piante, come il carthamus tinctorius, la calendula officinalis o l'arnica, vengono aggiunti in modo fraudolento agli stigmi genuini.

PRODUZIONE, RACCOLTA E CONSERVAZIONE DEI BULBI

Nelle piante a ciclo poliennale, l'emissione delle foglie inizia già dall'autunno, con un anticipo di circa due settimane rispetto alle piante a ciclo annuale. Il maggiore sviluppo in lunghezza dell'apparato fogliare si osserva nei mesi di marzo-aprile, quando le foglie possono raggiungere fino a 40 cm di lunghezza. Già nel mese di maggio, si nota un progressivo avvizzimento delle foglie. Durante il periodo di marzo-aprile, l'attività vegetativa consente di accumulare materiali di riserva nei nuovi bulbo-tuberi, formatisi dal bulbo-tubero che ha fiorito l'anno precedente, favorendone l'ingrossamento. Questo processo cessa all'avvicinarsi dell'estate, quando le piante entrano in riposo e perdono completamente foglie e radici.

La produzione dei bulbo-tuberi è variabile in termini di quantità e numero. Un singolo bulbo-tubero può produrne fino a 10-11, ma in media si aggira intorno a 3-4 bulbo-tuberi. È importante notare che i bulbo-tuberi meno produttivi danno materiale di dimensioni atte a produrre fiori nello stesso anno dell'estirpo o della ripresa del ciclo produttivo. La formazione dei nuovi bulbo-tuberi avviene sopra quelli di impianto, che gradualmente diminuiscono di volume e si appiattiscono. Con la riproduzione, i nuovi bulbo-tuberi si innalzano gradualmente verso la superficie del terreno, sovrapponendosi alla produzione dell'anno precedente.

Questo processo riproduttivo giustifica, nella coltura poliennale, l'adozione di una profondità di impianto maggiore rispetto alla coltura annuale (circa il doppio). Inoltre, dopo alcuni anni, è necessario procedere all'estirpo dei bulbo-tuberi, poiché quando si portano troppo in superficie, diminuiscono la loro produttività. Questo è un aspetto importante da considerare per mantenere una produzione sostenibile nel lungo termine.

L'estirpazione dei bulbo-tuberi di zafferano viene effettuata quando il fogliame delle piante si essicca. In Italia, è consuetudine procedere all'estirpo nel mese di luglio, mentre in Spagna si preferisce farlo nel mese di maggio o ai primi di giugno. Questa differenza di tempistiche è dovuta al fatto che in Spagna il terreno è meno duro in quel periodo, rendendo l'estirpazione più facile. Inoltre, si ha più tempo per la selezione dei bulbo-tuberi da reimpiantare per i nuovi cicli produttivi, che vengono anticipati rispetto all'epoca di impianto in Italia.

Tradizionalmente, l'estirpazione veniva fatta esclusivamente a mano, con l'utilizzo di una zappa per scoprire i bulbo-tuberi, che venivano poi raccolti a mano e riposti in ceste. Tuttavia, con l'avanzamento delle tecnologie agricole, oggi si utilizzano piccoli vomeri trainati da trattori, che aprono solchi profondi circa 20 cm per scoprire i bulbo-tuberi. Questi vengono poi raccolti e riposti in ceste o sacchi di canapa.

Recentemente, è stata sperimentata l'efficacia di uno scavapatate adattato alle esigenze dei bulbo-tuberi di zafferano da parte dell'Istituto di Meccanica Agraria dell'Università di Firenze. Questo nuovo approccio ha mostrato risultati economicamente e tecnicamente validi, soprattutto nei terreni più sciolti e meno compatti. Queste nuove soluzioni possono agevolare il processo di estirpazione e migliorare l'efficienza della coltivazione del prezioso zafferano.

La conservazione dei bulbi di zafferano dopo la raccolta è un aspetto importante per evitare la germogliazione prematura e per ottimizzare la fioritura. Diverse ricerche hanno dimostrato che la temperatura e l'umidità relativa influenzano significativamente il processo di conservazione dei bulbi.

Koltsova ha segnalato che i bulbi raccolti in maggio e conservati in scatole coperte di terra a una temperatura di 19-23°C e con un'umidità relativa del 65-75% germogliano e fioriscono molto prima rispetto a quelli conservati a 23-27°C o a quelli lasciati nella terra.

Benschop ha indicato che i bulbi del Crocus possono essere conservati a una temperatura di 25°C e con un'umidità relativa dell'80% per fino a 8 mesi, ritardando così la fioritura. Allo stesso modo, Munoz-Gomez e altri hanno affermato che la conservazione dei bulbi a una temperatura di 30°C per 45 giorni ha aumentato il numero dei fiori, ma il risultato è stato un numero molto basso di fiori per bulbo.

Molina e altri hanno segnalato che la conservazione dei bulbi a 25°C per più di 5 mesi provoca la morte del fiore primordiale. Hanno anche osservato che le sementi possono essere conservate a 25°C per 90-115 giorni.

Ulteriori ricerche hanno dimostrato che i bulbi raccolti dopo l'appassimento delle foglie e conservati a 2°C in un ambiente con ossigeno all'1% per 70 giorni possono essere costretti a fiorire dall'inizio di dicembre fino alla fine di gennaio, ottenendo lo stesso rendimento di zafferano dei bulbi conservati a temperature normali in Spagna. Tuttavia, la conservazione a temperature di congelamento (0 o -1°C) può danneggiare i bulbi.

In sintesi, la temperatura e l'umidità relativa durante la conservazione dei bulbi di zafferano possono essere regolate in base alle esigenze di programmazione della fioritura e della produzione di zafferano, ma è necessario fare attenzione a evitare danni ai bulbi con temperature estreme.

E INFINE, LA VENDITA

Come accennato all'inizio, non siamo per niente convinti che l'agricoltura sia destinata a diventare una fonte di denaro. Questo innesca solo le classiche dinamiche capitalistiche che hanno dimostrato di essere tutt'altro che utili e sostenibili, da qui, un circolo vizioso.
Ma visto che nel titolo promettiamo aiuto alla vendita ecco tre punti possibili da valutare:

Passaparola tra amici e conoscenti, una scelta abbastanza semplice, anche se non potrai vendere molta spezia... a meno che tu non sia un abilissimo influencer locale. Per iniziare però è ottimo.

Partecipazione a mercatini locali di prodotti del territorio. Sempre molto belli e caratteristici, ma comportano un piccolo investimento in gazebo, attrezzatura varia, confezioni personalizzate e un investimento più consistente in termini di tempo per ottenere le autorizzazioni necessarie e per partecipare ai mercatini vicini o lontani da casa nei fine settimana. Vale comunque la pena provare visto che per trasportare Zafferano non occorrono grandi veicoli, Potete anche andare in bici e sareste sicuramente più credibili e fareste una bellissima figura...

Vendita online tramite sito personal, social e piattaforme marketplace diverse. Qui però si apre un mondo di opportunità, ma a meno che tu non abbia una produzione abbondante, potrebbe non valerne la pena a causa dei costi elevati in termini di investimenti, tempo e impegno richiesti per ottenere tutte le autorizzazioni e organizzare la spedizione del prodotto, inclusi accordi con corrieri espressi e confezioni adatte alla spedizione, e per gestire tutte le problematiche connesse a rimborsi, resi, imprevisti...

Poi un ultima cosa, forse la più facile, è quella di cercare un grossista e vendere a lui tutto in una sola volta. Di sicuro vi abbasserà il prezzo ma sta a voi decidere. Pochi maledetti e subito o la possibilità di creare lentamente una solida e fedele clientela nelle vicinanze.

Buona fortuna!!!

www.ingramcontent.com/pod-product-compliance
Lightning Source LLC
Chambersburg PA
CBHW050743260726

48661CB00001B/379